Kenkyu Sosho No.640

研究双書

# 途上国における農業経営の変革

清水達也：編

IDE-JETRO アジア経済研究所

研究双書 No. 640

清水達也 編

『途上国における農業経営の変革』

**Tojokoku ni okeru Nogyo Keiei no Henkaku**
(Evolution of Agricultural Management in Developing Countries)

Edited by

Tatsuya SHIMIZU

Contents

Introduction  Evolution of Agriculture and Innovation in Farm Management in Developing Countries  (Tatsuya SHIMIZU)

Chapter 1  Global Trends in Agriculture and the Impacts on Agricultural Management in Middle-income Countries  (Hisatoshi HOKEN)

Chapter 2  How Agricultural Industrialization Changed Chinese Peasant Farming: Case Studies on Large-scale Farms by Farmer's Professional Cooperatives  (Nanae YAMADA)

Chapter 3  Conditions for Development of Large-scale Farm in Vietnam  (Kazunari TSUJI and Emi KOJIN)

Chapter 4  Rice Farmers and Agricultural Outsourcing in Thailand  (Kazunari TSUKADA)

Chapter 5  Where 'Knowledge and Technology' Meets 'Intuition and Experience': Challenges for Fresh Vegetable Exporting Firms in Mexico  (Hiroyuki TANI)

Chapter 6  Development of Farm Management in Brazilian Midwest  (Tatsuya SHIMIZU)

Conclusion  Farm Management in the Next Generation in Developing Countries  (Tatsuya SHIMIZU)

## まえがき

　途上国の農業部門と聞けば，多くの読者は貧困や低開発を連想するのではないだろうか。工業部門やサービス業部門は，技術革新による生産性の向上により，経済成長の原動力となっている。それに対して農業部門は，政府による振興政策にもかかわらず，生産性は向上せず，所得は低いままである。これが途上国の農業部門に関する一般的な見方であろう。途上国の農村を歩くと，現在でもそのような農業を多く目にする。

　しかし途上国の農業部門でも，土地の売買や貸借が増え，農作業の機械化が進み，農産物の生産と流通がつながり，生産資金の調達が容易になっている。これらはバイオテクノロジーを利用したゲノム編集やICT技術を応用したスマート農業などの技術革新と比べると地味な変化ではある。しかしこのような変化も同様に，農業生産に関わる組織や経営管理に大きな変化をもたらしうる。

　のどかな風景が残るアジアやラテンアメリカの農村でも，ダイナミックな変化を目にする機会が増えてきた。農作業の受託サービスの発達により，田植えから収穫までを電話による手配だけで済ませる生産者。地方政府や農業協同組合のイニシアチブによって零細小規模圃場がまとめられ，アグリビジネス向けに原材料を供給するようになった大規模農場。異業種から土地を購入して農業に参入し，複数の作物を生産し加工まで手がける経営者。多くの雇用労働力を管理し先進国の流通企業に直接販売する株式会社。資金調達と購買・販売を工夫して規模を拡大する穀物生産者。これらの事例は数の上ではわずかに過ぎない。しかし，途上国で成長する農業生産者は，今後の食料供給の担い手になり得る。

　そこで本書では，アジアとラテンアメリカの農業部門を研究対象とする研究者が，ダイナミックに成長する農業生産者を対象にフィールド調査を行い，

その特徴を明らかにした。そしてこれらの共通項から、途上国における食料生産の担い手となる農業経営の特徴を考察している。

　本書はアジア経済研究所において2016〜2017年度に実施した「途上国における農業経営の変容」研究会（主査：清水達也、幹事：塚田和也）の成果である。研究会では、国内外の農業や農業研究の動向に関して、専門家の方々から知見の提供を受けた。途上国の契約農業については、大塚啓二郎アジア経済研究所上席主任調査研究員、日本における農業への異業種参入については、納口るり子筑波大学教授、途上国における高付加価値農水産物の生産者と流通構造については、鈴木綾東京大学大学院准教授、ITを活用した農業生産管理システムについては、秋野陽太朗富士通株式会社イノベーティブIoT事業本部マネージャーらに話をうかがった（肩書きはいずれも当時）。ご協力をいただいた方々に深くお礼を申し上げる。くわえて、本研究会で議論したアジア経済研究所の伊藤成朗氏、児玉由佳氏、坂田正三氏にも感謝したい。

　途上国の農業に関してアジア経済研究所では以下の成果も発表している。本書と合わせてご参照いただきたい。

・清水達也編「途上国農業の新たな担い手」基礎理論研究会成果報告書（アジア経済研究所、2016年3月）。
・清水達也編「途上国における農業経営の変革」調査研究報告書（アジア経済研究所、2017年3月）。
・「特集：新興国における新しい農業経営」（『アジ研ワールドトレンド』No. 164、2017年10月）。

　上記の研究成果はいずれもアジア経済研究所のウェブサイトからダウンロード可能である。

2018年12月

編　者

# 目　　　次

まえがき

**序章　途上国における農業の変化と新しい農業経営**………清水達也…3
　はじめに……………………………………………………………………… 3
　第1節　農業をめぐる変化………………………………………………… 4
　　1-1. 農産物市場の変化 ………………………………………………… 5
　　1-2. 生産要素市場の変化 ……………………………………………… 6
　第2節　成長する経営体の分析視角……………………………………… 8
　　2-1. 家族経営の優位性 ………………………………………………… 9
　　2-2. 農業経営の戦略 ……………………………………………………10
　　2-3. 経営体の構造と機能 ………………………………………………12
　第3節　本書の構成…………………………………………………………14

**第1章　世界農業の趨勢と中所得国農業の変容**…………實劔久俊…19
　はじめに……………………………………………………………………19
　第1節　速水理論による農業発展パターンとその変容………………20
　　1-1. 「3つの農業問題」の枠組み ……………………………………20
　　1-2. 農業相対所得の動向 ………………………………………………21
　第2節　世界の農業生産・貿易構造の変容……………………………25
　　2-1. 農産物貿易の推移 …………………………………………………25
　　2-2. 中所得国の農業経営の変化 ………………………………………31
　第3節　新しい農業経営の理論的解釈…………………………………35
　　3-1. 農業の環境変化とその理論的背景 ………………………………35
　　3-2. 農業の発展パターン ………………………………………………43

おわりに……………………………………………………………………46

## 第2章　中国における「農業産業化」と小農経営の変容
### ──農民専業合作社による大規模畑作経営の事例──
………………………………………………… 山田七絵…51

はじめに……………………………………………………………………51
第1節　中国農業をとりまく環境の変化…………………………………54
　1-1. 経済における農業の地位の低下 ……………………………………54
　1-2. 農地賃貸借市場の発展 ……………………………………………56
　1-3. 農業関連サービスの発展 …………………………………………61
第2節　農業政策の流れと新しい農業経営主体の発展状況……………64
　2-1. 農業政策の流れ ……………………………………………………64
　2-2. 新しい農業経営主体──農民専業合作社の発展状況── ………68
第3節　事例研究──北方畑作地帯の専業合作社による大規模経営──
　　　　………………………………………………………………………71
　3-1. 調査地の概要 ………………………………………………………71
　3-2. 調査した専業合作社の概要 ………………………………………73
　3-3. 経営の特徴と存立条件 ……………………………………………81
おわりに……………………………………………………………………84

## 第3章　ベトナムにおける大規模農業経営の発展条件
………………………………………… 辻一成・荒神衣美…89

はじめに……………………………………………………………………89
第1節　チャンチャイ発展に向けた政策動向……………………………91
第2節　農業経営の外部環境変化とチャンチャイの変容………………94
　2-1. 中所得国ベトナムの農業環境の変化 ……………………………94
　2-2. チャンチャイの増加と質的変容 …………………………………98
第3節　新たな経営体……………………………………………………102

|   |   |
|---|---|
| 3-1. 本節の目的 | 102 |
| 3-2. 分析視角 | 103 |
| 3-3. 事例 | 104 |
| 3-4. 考察 | 121 |
| おわりに | 127 |

## 第4章　タイの稲作経営と作業受委託市場　……………塚田和也…131

|   |   |
|---|---|
| はじめに | 131 |
| 第1節　稲作農業の構造 | 133 |
| 第2節　作業受委託市場の性質――中部タイの事例分析―― | 140 |
| 第3節　作業受委託市場の発展と経営規模分布<br>　　　――県別データの分析―― | 149 |
| おわりに | 154 |

## 第5章　「勘と経験」と「知識と技術」の交わるところ
　　　――メキシコにおける輸出向け蔬菜生産企業の挑戦――
　　　　　　　　　　　　　　　　　　　　　　　　谷　洋之…157

|   |   |
|---|---|
| はじめに | 157 |
| 第1節　メキシコ農業を取り巻く経済的・政策的環境の変化 | 158 |
| 第2節　北米自由貿易協定（NAFTA）と蔬菜・果実類輸出 | 164 |
| 2-1. 蔬菜・果実類輸出のマクロ的趨勢 | 164 |
| 2-2. 生産要素・生産技術・販路の変化 | 171 |
| 第3節　輸出向け蔬菜類生産の現場 | 174 |
| 3-1. ハリスコ州南部における蔬菜類栽培の進化<br>　　　――アグリコラ・クエト・プロデュース社―― | 177 |
| 3-2. グアナフアト州における高品質露地野菜の大規模生産企業<br>　　　――エル・フエルテ社の事例―― | 180 |
| 3-3. シナロア州の逆襲 |   |

　　　　――イレブン・リバーズ・グローワーズの試み――……… 183
　おわりに…………………………………………………………… 188

## 第6章　ブラジル中西部における穀物生産者の経営拡大
　　　　………………………………………………清水達也…193
　はじめに…………………………………………………………… 193
　第1節　世界最大級の穀物輸出国………………………………… 194
　　1-1.　中国による輸入の増加 ………………………………… 195
　　1-2.　新興産地の出現 ………………………………………… 197
　第2節　中西部における穀物生産の拡大………………………… 199
　　2-1.　農業フロンティアの拡大 ……………………………… 200
　　2-2.　サプライチェーンの構築 ……………………………… 202
　第3節　自律的経営の増加………………………………………… 208
　　3-1.　生産者の姿 ……………………………………………… 209
　　3-2.　経営の特徴 ……………………………………………… 213
　　3-3.　自律的経営 ……………………………………………… 217
　　3-4.　経営体の成長 …………………………………………… 218
　おわりに…………………………………………………………… 220

## 終章　途上国における新しい農業経営の姿 ………清水達也…223
　　1-1.　農業の役割の変化 ……………………………………… 224
　　1-2.　新しい農業経営の特徴 ………………………………… 225
　　1-3.　新しい農業経営と農業部門の発展 …………………… 230

索　引 ……………………………………………………………… 233

途上国における農業経営の変革

# 序　章

# 途上国における農業の変化と新しい農業経営

清　水　達　也

## はじめに

　近年，農業とこれを取り巻く環境が変化している。供給面からみると，種苗，農薬，農業機械など，農業生産を増大させる技術革新が著しい一方で，都市化に伴う人口移動により，農村に居住して農業に従事する労働者の割合が減少している。途上国の所得水準の向上や，バイオエネルギー利用の拡大により，より多くの質の高い農産物が求められている。同時に，輸送インフラの発達や貿易自由化の進展により，農産物貿易が増えている。加工，流通，販売，フードサービスなど，食料供給にかかわる一連の産業でもさまざまな変化が起きている。

　需要面からみると，途上国の成長に伴い，食料に対する需要はこれからますます増大する。国連の推計によれば，2017年時点で約75億人を数える世界の人口は，2050年に100億人弱に達する。そして途上国を中心に，穀物だけでなく肉，酪農品，野菜，果物の消費が増える。その結果世界の人口を養うには，2013年の水準より50％多くの食料を供給する必要がある（FAO 2017）。

　この増大する需要を満たすことを期待されているのが，途上国の中でも比較的所得水準が高い中所得国の農業経営体である。農業とそれを取り巻く環境の変化に能動的に対応して，経営規模を拡大して生産量を増やしたり，従来よりも価値の高い農産物を生産している。また，市場動向を把握し，新し

い技術を積極的に取り入れ,さまざまな販売チャネルを開拓している。その姿は,農民というよりも経営者と呼ぶ方がふさわしい場合もある。このような生産者が先駆者となって,途上国による農産物の生産や輸出が増えている。

　本書の目的は,アジアとラテンアメリカの中所得国においてみられる,このような新しい農業経営の姿を明らかにすることである。途上国の中でも中所得国を取り上げるのは,近年農業生産だけでなく,農産物輸出も増やし,世界に対する食料供給において重要な役割を果たしているからである。もちろん,アジアとラテンアメリカでは,農業・農村を取り巻く環境や所得水準が大きく異なる。しかしグローバル化の進展に伴い,農産物貿易は拡大し,農業技術も国境を越えて普及が進んでいる。両者に共通する新しい農業経営の傾向を明らかにできれば,次世代の食料供給の担い手の姿を描くことができる。

　そのために本章はまず,農業とそれを取り巻くさまざまな変化を確認する。次に成長する経営体を分析するために,伝統的な経営体である家族経営の優位性と,そこから変化しつつある農業経営体の戦略や構造と機能について先行研究の知見を示す。最後に,各章の内容を簡潔に紹介する。なお農業生産者を指す言葉には農家,農民,農場主,生産者などがあるが,本章では農業生産の経営に関心があるため,主に農業経営体という用語を用いる。

## 第1節　農業をめぐる変化

　農業をめぐる変化については,先行研究でも需要,生産構造,制度環境,技術革新について指摘している（李ほか2014, 1-3)。ここでは3つに整理して説明する。1つめは農地や投入財など生産要素市場にかかわるもの,2つめはそれらを用いて農産物を栽培する農業経営体にかかわるもの,そして3つめは穀物や青果物などの農産物市場にかかわるものである。本節では1つめと3つめの変化について確認し,2つめの農業経営体の変化の分析につなげたい。近年の農業をめぐる変化は主に需要によるものと考えられる。その

ため，まず需要側である農産物市場について，次に供給側である生産要素市場の変化について説明する。

### 1-1. 農産物市場の変化

　農産物市場では近年，需要の量が増大し質が向上している。量では，穀物に対する需要増が挙げられる。2008 年の食料危機の際には国際市場における穀物の価格高騰が注目を集めた。その要因として指摘されたのが，短期的には米国におけるバイオ燃料の原料としての需要の拡大，投機資金の流入による価格変動の増加，そして中長期的には新興国における飼料原料としての需要の増加である。

　中でも近年急増しているのが中国の大豆輸入である。中国はこれまで基礎食料を国内生産でまかなう政策をとっていたが，1996 年に大豆輸入を許可制から関税割当制に転換して以降，本格的に輸入を増やした。そして 2001 年の WTO 加盟によって輸入関税割当制を撤廃したことで，2000 年代に入って輸入量を大きく伸ばした（阮 2009）。その結果大豆の輸入量は，2000 年代初めの年間約 1000 万トンから，2015 年には 8000 万トンを超え，中国 1 カ国だけで世界の大豆輸入量の約 6 割を占めるようになった。

　トウモロコシも 2000 年代に入って貿易量が増えている。トウモロコシは日本が世界最大の輸入国で 1980 年代半ばから毎年約 1600 万トンを輸入している。ここ数年約 1500 万トンに減っているが，代わりにメキシコや EU も同水準を輸入するようになった。次いで韓国，エジプト，ベトナム，イランが約 700 万〜1000 万トンを輸入している。特に韓国以外の国は，ここ 10 年の間に大きく輸入量を増やした。大豆もトウモロコシも主な用途は飼料原料であることから，これらの需要増加はすなわち，食肉の需要増加といえる。

　農産物市場の質の変化の例として挙げられるのが，青果物の貿易量の増加である。青果物のなかでも輸出額が多いのは，果物加工品，バナナ，トマト，リンゴ，野菜加工品，ブドウ，オレンジ，冷凍野菜などで，いずれも 2000 年代に入って大きく輸出量が増加した。青果物の輸出拡大には，輸出相手国

におけるスーパーマーケットの普及が影響している。スーパーマーケットは年間を通して品揃えを保つために世界中から青果物を調達する。納入業者に対して，安定した量，品質，納期，価格を求めることから，生産者もこれに対応することが求められる。ここでいう品質は，大きさ，形，色などの外見や食味にとどまらない。最近は安心・安全に加え，環境や人権などへの配慮も求められている（Reardon et al. 2003）。

安心・安全に対応するため，生産現場は農業生産工程管理（GAP），加工工場はHACCP（危害分析重要管理点）に基づく衛生管理などの管理システムの導入を進めている。これにより，圃場から消費者に届くまでの栽培や加工の履歴を管理し，必要に応じて追跡することを可能にするトレーサビリティが確保できる。

環境や人権などについては，環境保全や生物多様性の尊重のほか，生産から販売までに排出される二酸化炭素量の明確化（カーボンフットプリント），生産現場における適切な労働条件の確認（エシカルトレード），生産者に対する公正な支払い（フェアトレード），畜産では動物の適切な飼育環境などへの配慮（アニマルウェルフェア）が求められ，認証の取得などによって消費者に示すことが一般的になりつつある。

このような農産物の質に関する需要の変化は先進国市場で先行し，そこへ農産物を供給する途上国の生産者もこれに対応してきた。そして近年の経済成長によって，途上国の都市部においても同様の傾向がみられるようになっている。

1-2. 生産要素市場の変化

農産物市場に加え，農地や投入財などの生産要素市場でも大きな変化が起きている。

農地に関してはさまざまな権利の確立が進められた。途上国では，農地の所有権や利用権を村落などの共同体が管理する伝統的な制度が存続するほか，国が権利を保持して個人が簡単に移転できないケースがみられた。しか

し農地への投資を促すために，個人への権利の付与が進められた。その結果，農地への投資が進んで生産性が向上しただけでなく，権利の賃借や売買を行う農地市場が拡大しつつある（Deininger and Feder 2009）。

　また食料危機後には，湾岸諸国をはじめとする豊かな国々がアフリカやアジアの途上国で農地を確保して自国向けの食料を生産する土地収奪（ランドグラブ）が話題となった。これは食料危機をきっかけとして，農地や水など農業資源の有限性が認識されたと理解できるだろう（原2009, 242）。

　次に投入財では，バイオテクノロジーや情報通信技術の発展によって技術革新が加速し，農業生産の形を変えつつある。農業技術は目的と種類によっていくつかに分類できる（Federico 2005）。目的では，単位面積当たりの収穫量（単収）を向上させて農地を節約する技術と，機械化など労働力を節約する技術に分けられる。種類では，品種改良をはじめとする生物学的技術，輪作体系や耕起・播種・灌水方法などの栽培技術，農薬や肥料などの化学的技術，トラクターやコンバインなどの機械化技術が挙げられる。

　近年注目を集めているのが，バイオテクノロジーや情報通信技術を利用した技術革新である。前者の例として，遺伝子組み換え（GM）品種や，ゲノム編集を利用した品種改良，後者の例としてGPSやセンサーの情報を利用した精密農業やスマート農業が挙げられる。

　GM品種は1996年に米国で商業生産が始まってから急速に普及が進み，2016年には世界26カ国の1億8510万ヘクタールで栽培が行われている。栽培面積の多いのが，米国（7290万ヘクタール），ブラジル（4910万ヘクタール），アルゼンチン（2380万ヘクタール）といった米州大陸の国々である。また，GM品種の普及が進んでいる主な作物は，大豆（世界全体で9140万ヘクタール，同作物の栽培面積の50％），トウモロコシ（同6060万ヘクタール，33％），綿花（同2230万ヘクタール，12％），菜種（同860万ヘクタール，5％）となっている（ISAAA 2016）。

　情報通信技術の発展によって注目を集めているのが精密農業やスマート農業である。スマート農業には，農業にかかわるデータを測定・集積する「自

動測定，検知」，経営目標に合わせて分析する「情報処理・情報通信制御」，その結果を農作業などに反映させる「知見の適用」の3つの段階がある（農業情報学会 2014, 6）。具体的には，GPSを用いたトラクターのナビゲーションに加え，圃場のセクションごとの土壌や収量のデータ収集，生産量を最大化するための生産条件の組み合わせに関する分析，そしてその結果に基づいた肥料や農薬の散布が挙げられる。またスマート農業は生産だけにとどまらず，収穫物のトレーサビリティの確保など，加工，流通，販売，フードサービスなど，農業・食料のバリューチェーン全体に影響を与える技術でもある。

このような生産要素技術の変化は，これまでのような生産者の「勘と経験」に頼る農業から，「知識とデータ」に基づく農業へと，農業経営のあり方を大きく変えようとしている。

## 第2節　成長する経営体の分析視角

農産物市場や生産要素市場の変化に，中所得国で成長する農業経営体はどのように対応しているのだろうか。このような問題意識に立って複数の途上国や地域を比較した研究はみあたらない。その一方で，途上国の生産者については，数の上で圧倒的な多数を占める零細・小規模家族経営を対象として，その特徴や優位性について分析した数多くの先行研究がある。

そこで本書では，変化に対応して成長する中所得国の農業経営体の特徴を理解する準備として，零細・小規模家族経営が多数を占めている理由について，その優位性に関する議論を確認する。その上で，中所得国の農業経営体が成長するために取り得る選択肢を考えるために，農業経営体の戦略とそれにともなう構造・機能に関する日本や米国の農業経営を対象とした先行研究を検討する。

2-1. 家族経営の優位性

　零細・小規模な家族経営が世界の農業経営体のほとんどを占めるのは，家族経営がそのほかの経営体と比べて優位性をもっているからである。そこで家族経営の定義とその優位性について，先行研究を参照しながら説明する。

　農業における家族経営については，国連が2014年を「国際家族農業年」(International Year of Family Farming) に定めたこともあり，近年いくつかの研究が発表されている（国連世界食料保障委員会専門家ハイレベル・パネル 2014; FAO 2014）。これらの研究は，農業経営体が家族経営かどうかを見極める基準として，所有・経営・労働の担い手や農地規模などを挙げ，「主に家族労働力によりながら，家族が経営・管理する」経営や，「家族によって営まれ，主に家族労働を用いて，所得の大部分をその労働から稼いでいる農業」を家族経営と定義している（FAO 2014, 9）。なお，家族経営は小規模であり，これらの研究は家族経営と小規模経営をほぼ同義に用いている。世界81カ国の農業センサスの分析によれば，経営耕地面積が1ヘクタール未満の農家数は73％に上る（国連世界食料保障委員会専門家ハイレベル・パネル 2014, 50）。このことから，現在においても農業生産の担い手の多くを家族経営が占めていることが分かる。

　それでは，家族経営が雇用労働者を用いた大規模経営よりも優れているのはなぜだろうか。これについてはさまざまな研究が説明を試みている。農業生産においては，労働を監視することが難しいことから，家族経営が有利だという説が一般的である。農業は自然を対象とするため，作業を標準化することや，労働の量と成果を結びつけることが難しい。また，広い圃場で作業が行われるために，経営者が雇用労働者を監視することが難しい。このような状況下では雇用労働者は熱心に働く動機付けを持たない。

　一方で家族経営における家族労働力は，自らの労働の量と質が収入に反映するため，監視がなくても働く。この「監視せずとも働く」労働力が家族経営の優位性を高める基本的要因であるとしている（速水 2004, 292-294）。なお，熱帯に位置する途上国では，茶やサトウキビが大規模プランテーション

で生産されてきた。しかしこれは，加工段階で大規模な施設を利用すると規模の経済性が働くためである。

家族経営の優位性については，このほかにもさまざまな議論がある。農場主は経験から，農場内の土壌や気候が場所によって異なるなどの情報を持っている。しかしこのような知識は暗黙知であり，形式知として人から人へと移転することは難しいと考えられている。子供の頃からの経験によってのみ移転できるとすれば家族経営が有利である。また，農業では水門の開け閉めや家畜の見回りなど就業時間外の細切れの労働が不可欠である。家族経営は高齢者，主婦，子供を動員してこれらの業務を安価に行うことができるため有利である（飯國 2014）。

それ以外に家族経営が優位な点として指摘されているのがその強靱性である。家族経営においては，農業経営と世帯経済が一体化していることが多い。一体化している場合，家族経営の目標は利潤追求ではなく家族生活の維持となる。そのため，例えば不作のために十分な利益を上げることができない年には，家族労働力に賃金を出さずに経営を続けることが可能になる（荏開津 1997, 63; 新山 2014）。

このように零細・小規模な家族経営は，そのほかの経営と比べて優位とされている。しかし本書が取り上げる中所得国では，伝統的な家族経営とは異なる経営体が出現し成長している。それではこのような農業経営体は，家族経営でないことの制約をどのように乗り越え，成長しているのか。農業経営体の戦略とそれに伴う構造と機能の変化に注目して，先行研究を検討する。

2-2. 農業経営の戦略

農業とそれを取り巻く環境の変化に能動的に対応する農業経営体について，まず身近なところから日米の例をみてみたい。農業経営体がおかれている状況は，日米間はもちろん，本書が分析対象とする中所得国の間でも大きく異なる。しかし農業という産業の特性においては共通する点が多い。そのため，中所得国の農業経営体をみる上で，これら日米の農業経営体の戦略は

参考となる。

　日本の農業経営の変化について大泉らは，大規模経営の出現，法人化の進行，農作業受託サービス事業体の役割拡大，経営の多角化などを挙げている（大泉・津谷・木下 2015, 36）。販売農家1戸当たりの経営耕地面積は，1960年の1ヘクタール未満から，2010年には2ヘクタールを超えた。国内でも規模の大きな農業が盛んな北海道では，同期間に3ヘクタールから20ヘクタールまで拡大している。また，生産者が加工や販売にも取り組む農商工連携や，農業・製造業・観光業を組み合わせた6次産業化の動きもみられる。

　米国の農場経営に関する研究は，農牧業の経営者が取り得る戦略として次の4つを挙げている（Kay, Edwards and Duffy 2016, 9-11）。1つめは規模拡大による大量生産，2つめは高付加価値の農作物の生産，3つめは特定の業務への特化によるサービス・プロバイダー化，4つめは兼業化である。

　穀物や油料作物の生産者が選ぶのが1つめの規模拡大による大量生産である。これまでの作目を維持しつつ，生産規模を拡大し，生産コストの削減に努める。そのためには，資金や土地を外部から借りる必要がある。しかし規模が拡大するとその分リスクも高くなるため，販売契約や保険によってリスクを管理することが求められる。

　規模拡大が難しい経営体が選ぶのが2つめの戦略である。この場合，穀物生産者が園芸作物の栽培を始めるように，これまで手がけていなかった作目や畜種に取り組むことになる。また，有機栽培や鶏の放し飼いのように，従来と同じ作目や畜種を，異なる方法で生産することも含まれる。いずれにしても農産物の付加価値を高めて販売価格を引き上げる戦略である。そのためには，品質の向上，販路の拡大，農畜産物の宣伝など，これまでは手がけていなかった活動に取り組む必要がある。

　3つめの戦略は，穀物の種苗栽培，肥料・農薬散布の受託，収穫作業の受託，家畜の肥育経営，農業機械の修理・メンテナンスなど，農業生産に関わる特定の段階の業務に特化することである。これは，経営体が所有する高価な施設や農業機械の稼働率を高めることで利益を得る方法である。そのためには

提供する業務の宣伝や顧客との関係維持が必要となる。

4つめは兼業化である。農業センサスによれば，米国でも農業経営体の52％が兼業経営（part-time farmers and ranchers）に分類されている（Kay, Edwards and Duffy 2016, 10）。これらの経営体は比較的規模が小さく，農業部門と非農業部門の労働投入と収入のバランスを維持し，生活様式に対する満足度の向上を目指している。この4つめの戦略は，3つめの戦略の裏返しとも理解できる。つまり，兼業の農業経営体による農作業の外部委託が増えれば，特定の業務に特化する経営体が活躍する余地が広がる。

2-3. 経営体の構造と機能

経営戦略が変化すれば，それに伴って経営体の構造と機能も変化する。これについては，現在進行形で伝統的な家族経営体からの変化が進んでいる日本における先行研究を参照したい。

経営体の構造については，家族経営の変化を分析する新山が，農業経営体が世帯経済から分離しているかと，経営体を誰が所有・経営しているかの2点から，類型化している（新山 2014）（表0-1）。

世帯経済からの分離については，世帯が資本・農地・労働力を抱えたままで農業経営を行っていれば「非企業経営」とし，世帯から独立した経営体を創設し，世帯から資本・農地・労働力の出資を受け入れて農業経営を行っていれば「企業経営」と分類している。所有・経営者については，血縁者であれば「家族同族経営」，非血縁者であれば「機能集団経営」としている。さらに非企業経営は，生産要素（土地，労働力，資本）の外部からの調達の割合や規模の拡大によって3つに分けられる。家族の生産要素のみを利用するのが伝統的経営，市場からも生産要素を調達するのが現代的経営，さらに現代的経営を大規模化したものを現代的自律的経営としている。「家族同族企業経営」は1つにまとめているが，経営体の資本構成によって，経営者を中心とした少数の出資者からなる人的信用，広範囲の出資者からなる資本的信用，両者の間に位置する混合的信用に分けることもできる。

表 0-1　農業経営体の類型

| | | 世帯経済からの分離 | | | | | |
|---|---|---|---|---|---|---|---|
| | | 非企業経営 | | | 企業経営 | | |
| | | 伝統的経営 | 現代的経営 | 現代的自律的経営 | 人的信用 | 混合的信用 | 資本的信用 |
| 所有・経営者 | 家族同族経営（血縁者） | 伝統的家族経営 | 現代的家族経営 | 現代的自律的家族経営 | 家族同族企業経営 | | |
| | 機能集団経営（非血縁者） | 伝統的集団経営 | | 生産者集団経営 | 生産者集団企業経営 | 集団企業経営 | |

(出所) 新山 (2014, 6, 表 1) を簡略化。

新山によれば，今日の日本の農業経営体が占める領域は，家族同族経営と機能集団経営のどちらにおいても，非企業経営から企業経営へと広がっている。そして農業では，現代的家族経営，現代的自律的家族経営，そして人的信用に基づいた家族同族企業経営が中心である。典型的な企業経営としてイメージされる集団企業経営（広範囲の出資から資本を集め，専門経営者が経営する企業）は，協同組合起源の企業に限られる（新山 2014, 9）。

このように，農業経営体が世帯経済から分離しているかどうか，分離している場合にはその資本構成と誰が経営を行っているかに注目することで，農業経営体の構造の特徴を把握することができる。

異なる構造を持つ経営体は，農業経営の目標も異なる（大泉・津谷・木下 2015, 45）。生業的・家業的な性格を持つ伝統的な家族経営の目標は，豊かな農家生活の実現であることが多い。具体的には，農地などの家産の維持や家族の幸せである。それに対して企業経営の目標は，成長するための農業利潤の達成である。このように目標が異なれば，農業経営体に求められる機能も異なる。

経営体の機能は，経営者に求められる役割から理解できる。経営者の役割には，将来のビジョンや基本目標を立てる「経営ビジョンの策定」，それを実現する戦略を練る「経営戦略の策定」，それに基づいて指揮・統制する「管

理的意思の決定」，日々の経営活動を効率よく管理する「業務的意思の決定」，そしてこの決定に従って行う具体的な作業などがある（大泉・津谷・木下 2015, 76-77）。この中で管理的意思の決定にあたる経営管理機能は，生産管理，労務管理，財務管理，販売管理，情報管理などに分けられる。このうち生産管理は，経営体がもつ資源をいかにして組み合わせ，質のよい農産物を多く作るかを管理する機能である。一方で労務管理，財務管理，情報管理は，経営体の外部にある労働力，資金，情報をいかにして取り込んで生産に用いるか，そして販売管理は，生産した農産物をいかにしてよい条件で販売するかを管理する機能である。いずれも，外部とのやりとりにかかわる経営管理機能である。農業経営体がこれらの経営管理機能をどれくらい内部でもち，経営主，家族，雇用労働者の間でどのように分担しているかをみることで，成長しつつある新しい農業経営の姿を把握することができる。

## 第3節　本書の構成

　本書は，中所得国における経済発展と農業について述べた第1章と，アジアとラテンアメリカ各国の事例を扱った第2～6章，そしてそれらの知見をまとめた終章からなる。第2章以降で取り上げる国々は，いずれも中所得国ではあるものの，所得水準，農業にかかわる資源賦存，土地の所有構造などに大きな違いがみられる。世界銀行のデータによれば，2016年の1人当たり国内総生産（名目値）は，ブラジル，メキシコ，中国の8000ドル台，タイが6000ドル弱，ベトナムが2000ドル強である。また，第1章で詳しく論じるように，ラテンアメリカとアジアでは，経営体の平均経営規模が大きく異なる。

　しかし一方で，グローバル化の進展により，技術革新の成果や農産物需要の変化は，国境を越えて世界各国に影響を与える。そこで本書は，さまざまな条件が異なるにもかかわらず，中所得国で成長しつつある農業経営体に共

通する傾向を抽出することで，今後の食料供給の担い手となり得る農業経営体の特徴を描きたい。これにより私たちは，これからますます増大する食料需要を満たすための方策を考える手がかりを得ることになる。

以下，各章の概要を紹介する。

第1章は，途上国における農業部門の基本的な問題点と農業生産・貿易の変化を説明している。この章の内容は，第2章以降の各国編において農業経営体の変化を理解するための手がかりとなる。農業部門の問題点は，他の産業部門と比べて生産性が低いこと，つまり所得が低いことである。中所得国をはじめとする途上国において農村人口が減少する中で，この状況がどのように変わりつつあるのか，理論的な考察を行っている。

第2章は，中国における農業産業化の取り組みとその1つである農民専業合作社（協同組合）を取り上げた。中国では農業経営の零細性や農業生産に関わるサービス提供の不足が問題となっているが，これを解決するために中国政府はさまざまな取り組みを行っている。本章はその1つである農民専業合作社の事例をいくつか比較検討し，どのような条件がそろえば，大規模農業経営モデルが成立・存続するのかを考察した。

第3章は，ベトナムの大規模農業経営を取り上げた。ベトナムでも政府の方針により，農業経営の大規模化，生産者の組織化，インテグレーションの構築が試みられている。チャンチャイと呼ばれる大規模農業経営体は，数でみると依然として少数にとどまるが，畜産や果樹部門では大規模経営も現れている。本章では農業生産者から成長した経営体や異業種から参入した経営体など先駆的な事例について，その成長の過程や要因を検討する。

第4章は，タイの稲作経営における作業受委託市場を取り上げた。同国の農業生産者の6割が従事する稲作では，過去20年間経営規模分布が変化していない一方で，農作業の機械化と受委託は増加している。この作業受委託市場の変化とそれによる生産性や経営規模への影響を分析し，個別の経営体としてだけでなく，地域を単位とした資源の利用について考察した。

第5章は，メキシコの輸出向け蔬菜・果実の企業的生産者を取り上げた。

北米自由貿易協定（NAFTA）により，メキシコから北米に向けた蔬菜・果実の輸出が大きく増えている。この生産を担う北西部や中西部の生産者は，温暖な気候条件という産地の優位性に依存するだけでなく，新しい品種や生産設備の導入，販路の拡大，地域ブランドの構築などに積極的に取り組んでいる。これらの経営体が市場や政策の変化にどのように適応しているかを検討した。

　第6章では，ブラジル中西部セラード地域の大規模大豆生産者による経営の自立を取り上げた。1970年代以降に新規に開拓されたこの地域は，穀物メジャーが構築した，生産資金の供給と収穫物の買い上げというサプライチェーンに，生産者が組み込まれる形で生産が拡大した。しかし産地における信用市場や農産物市場の発達に伴い，生産資金を穀物メジャーに依存せずに調達することで利益を上げ，生産規模を拡大する生産者がでてきている。このような生産者の事例をもとに，農業経営体で重視される経営管理の変化を考察した。

　終章では，各国の事例分析から，戦略，構造，機能について中所得国で成長する農業経営体で共通する特徴を抽出した。そして，これからの食料供給の担い手となる新しい農業経営の姿を描くとともに，これらの農業経営が農業部門の発展に与える影響について述べる。

〔参考文献〕

＜日本語文献＞
飯國芳明 2014.「家族経営を経済学でとらえる」『農業と経営』80(8)（9月）：33-43.
荏開津典生 1997.『農業経済学』岩波書店.
大泉一貫・津谷好人・木下幸雄 2015.『農業経営』実教出版.
国連世界食料保障委員会専門家ハイレベル・パネル 2014.『人口・食料・資源・環境　家族農業が世界の未来を拓く——食料保障のための小規模農業への投

資』農山漁村文化協会.
新山陽子 2014.「『家族経営』『企業経営』の概念と農業経営の持続条件」『農業と経営』80(8)（9月）: 5-16.
農業情報学会編 2014.『スマート農業——農業・農村のイノベーションとサスティナビリティ』農林統計出版.
速水佑次郎 2004.『新版 開発経済学』創文社.
原弘平 2009.「農業資源の限界性と『土地収奪』」農林中金総合研究所編『変貌する世界の穀物市場』家の光協会.
李哉汯・内山智裕・鈴村源太郎・八木洋憲編 2014.『農業経営学の現代的眺望』日本経済評論社.
阮蔚 2009.「中国——高い自給率の維持を目指す食糧生産」農林中金総合研究所編『変貌する世界の穀物市場』家の光協会.

＜英語文献＞
Allen, Douglas W. and Dean Lueck 2004. *The Nature of the Farm: Contracts, Risk, and Organization in Agriculture*. Cambridge, MA: MIT Press.
Deininger, Klaus and Gershon Feder 2009. "Land Registration, Governance, and Development: Evidence and Implications for Policy." *The World Bank Research Observer* (24) : 233-266.
FAO 2014. *The State of Food and Agriculture: Innovation in Family Farming*. Rome: FAO.
—— 2017. *The Future of Food and Agriculture: Trends and Challenges*. Rome: FAO.
Federico, Giovanni 2005. *Feeding the World: An Economic History of Agriculture, 1800-2000*. Princeton: Princeton University Press.
ISAAA 2016. "Global Status of Commercialized Biotech/GM Crops: 2016." ISAAA Briefs No. 52.
Kay, Ronald, William M. Edwards and Patricia A. Duffy 2016. *Farm Management*. New York: McGraw-Hill Education.
Reardon, Thomas, C. Peter Timmer, Christopher B. Barrett and Julio Berdegué 2003. "The Rise of Supermarkets in Africa, Asia, and Latin America." *American Journal of Agricultural Economics* (85): 1140-1146.

# 第1章

# 世界農業の趨勢と中所得国農業の変容

寳劔 久俊

## はじめに

　序章で指摘したように，農業をめぐる世界的な環境変化は目まぐるしく，21世紀に入るとその趨勢はいっそうの加速をみせている。すなわち，農産物貿易の増大による農産物市場の発展とその高度化，制度基盤の構築と規制緩和による生産要素市場の活性化，農作業の委託や農地の貸借など外部資源への依存度を高める農業経営の普及と新たな担い手の出現など，これまでとは異なる現象が急速に広がってきた。

　その一方で，後述するように先進国や南米を中心に農業経営の大規模化が進展しているのに対し，アジア地域や中米では零細農家による契約栽培や兼業化が急速に広まるなど，農業経営の具体的な形態は国・地域によって顕著に異なる。さらに経済の急速な発展につれて一国経済のなかでの農業の位置づけも大きく変化しているため，各々の発展段階に対応した農業・農村政策を導入していくことが強く求められている。

　したがって農業をめぐる変化を考察するとき，新たな動向や近年の展開に注視するのみならず，経済発展のなかでの農業政策の長期的な趨勢や農業発展の多様性に焦点を当てることが極めて重要である。そこで本章では，経済発展とともに変容する農業問題について，巨視的な分析枠組みを提示した速水理論（速水1986；速水・神門2002）を下敷きに，農産物貿易をめぐるマ

クロ環境の変化を統計的に裏づけるとともに，多様な農業経営が出現してくる理論的な背景を明らかにしていく。

本章の構成として，第1節では速水理論を概説したうえで，本理論が主張する中所得国における農業の相対的貧困化を統計的に検討する。つづく第2節では，農業をめぐる世界的な動向に注目し，農産物貿易の趨勢と先進国の貿易政策の変容を整理するとともに，農業経営の地域格差について考察していく。そして第3節では，農業の構造変化を経済理論に基づいて再考し，そのメカニズムと農業発展パターンの一端を浮き彫りにしていく。最後に，全体のまとめを提示して本章を締め括る。

## 第1節　速水理論による農業発展パターンとその変容

### 1-1.「3つの農業問題」の枠組み

本節では，農業発展の巨視的枠組みを提示する速水理論を検討し，本章の考察を支える理論的背景を明確にしていく。速水・神門（2002）の「3つの農業問題」とは，経済発展の異なる3つの段階において各国が直面する農業問題の総称である。世界の各国は，安価な国内農産物の供給が主たる政策目標となる「低所得国段階」，都市・農村間の相対的な貧困問題が優越する「中所得国段階」，農家の相対的所得の低下防止が主たる政策課題となる「高所得国段階」という3つの段階で異なる農業問題に直面する。

低所得国段階で直面する「第1の農業問題」とは，工業化の初期段階において人口および所得水準の上昇につれて，増大する食料需要に生産が追いつかず，食料価格が上昇し，それが賃金の上昇を通じて工業化と経済発展そのものを制約するというものである。これは「食料問題」と呼ばれ，その背景には，低所得国における工業化優先政策とその裏腹の農業技術開発の軽視が存在する。そして「賃金財」[1]である食料価格の高騰は，時に政権基盤まで

---

1) 速水・神門（2002, 18）では「賃金財」（wage goods）を「労働者の生計費に占める割合が高く，その価格が名目賃金水準に決定的な影響を与えるような財」と定義する。

も揺るがしかねない暴動に発展することもある（速水・神門 2002, 17-20）。

　食料増産を実現し，低所得国から中所得国に移行する段階において，安価な労働力のプールを形成する農民と，都市労働者との間の相対的な経済格差が拡大していく。これが「第2の農業問題」であり，「貧困問題が優越する段階」と呼ばれる。この段階では，農村救済の世論拡大による補助金交付など，農業保護的な政策が一部で採用されるものの，当該国の財政基盤の弱さや近代産業部門の小ささと脆弱さのため，農業保護政策は萌芽的にとどまり，近代工業重視の政策が継続される。その結果，農村の絶対的貧困は解消される一方で，農業部門と非農業部門，農村住民と都市住民との間の相対的格差はいっそう深刻化していく（速水・神門 2002, 22-25）。

　そして工業化と経済発展に成功した高所得国段階では，農業技術の開発と普及が進展し，農業インフラの整備が広がることで農業生産性が大きく向上していく。その一方で，先進国では食料消費の飽和と食料の過剰供給が発生するため，農業生産要素の報酬率と農業労働者の所得水準は相対的に低下し，農業部門から非農業部門への資源配分の調整が必要となる。これが「第3の農業問題」であり，「農業調整問題」と呼ばれる。先進国では比較劣位化した農業を支えるため，政府による農産物価格支持や農業補助金の交付といった農業保護政策が実施されてきた。ただし，このような農業保護政策は農業から非農業への労働移動を阻害するため，これらの国では農業に対する資源の過大投資という悪循環の問題にも苛まれている（速水・神門 2002, 20-22）。

1-2．農業相対所得の動向

　この「3つの農業問題」が提起されたのは2000年代初頭であり，主として1980〜90年代の各国の動向に基づいて速水理論の構築がなされたと思われる。しかしながら，近年は途上国からの先進国向け農産物輸出が顕著に増加したり，中所得国のなかで急速な経済発展と農業の高度化の両立を実現する国も出現するなど，速水理論では想定外の現象もみられる（寶劔 2017）。

ただし,「3つの農業問題」の理論的枠組み自体を批判することは,本章の主たる目的ではない。とりわけ「農業調整問題」は先進国のみならず,急速な経済発展を実現する中所得国においても深刻な問題となっていることに鑑みると,この分析枠組みの重要性は依然として失われていない。

では,速水の「3つの農業問題」が指摘するように,経済の発展とともに都市と農村(あるいは工業部門と農業部門)との間の相対的な格差は拡大し,先進国の段階に入るとその格差は縮小していくのか。そのことを統計的に確認するため,世界開発指標(*World Development Indicator*)を利用して,経済発展の指標である「1人当たりGDP」と「農業の相対所得」との関係を図示した。「農業の相対所得」とは,「農業部門の所得比率」(GDP総額に対する第1次産業GDPの比率)を「農業就業者比率」(全就業者に対する第1次産業就業者の比率)で割った値のことである。もし農業部門と他の産業で就業者1人当たりの所得が均衡していれば,相対所得は100%となることが期待されるが,その値が100%を下回り続ける場合には,農業部門における相対的貧困の悪化が推察される。

図1-1には,1人当たりGDPと相対所得の双方の数値が揃う87カ国のデータ(2010年)を利用し,経済発展と農業の相対所得との関係を示した。本図からわかるように,単年で考察した場合には両者の関係について各国の散らばりが大きく,明確なパターンをうかがうことはできない。ただし,1人当たりGDPが500〜5000ドル程度の国では農業の相対所得が40%を上回るケースが多い反面,1人当たりGDPが5000〜1万ドル前後の国では,相対所得が10〜20%に低迷するケースも相対的に多い。このことは,弱いながらも中所得国における相対的貧困の深刻化を示唆していると考えられる。その一方で,1人当たりGDPが5万ドル以上であっても,農業の相対所得が20%前後に低迷する国が少なからず存在するなど,経済発展が進んだ地域でも農業相対所得の低迷を必ずしも克服できていない点も注目に値する。

この相対的貧困の実態をより詳しく考察するため,本書の分析対象の中所得国(中国,タイ,ベトナム,メキシコ,ブラジル)に注目し,農業の相対

図1-1 世界各国の農業相対所得（2010年）

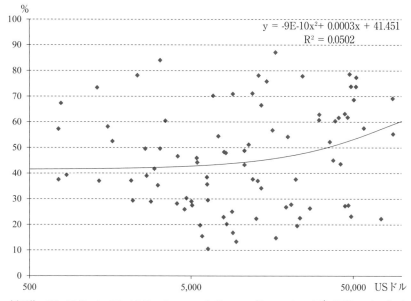

（出所） World Bank, *World Development Indicators*（September 15$^{th}$, 2017 update）より筆者作成。
（注） 農業の相対所得とは，農業 GDP 比率／農業就業者比率のことである。ただし人口規模の小さい国では農業の相対所得が極端に大きくなるケースが存在するため，相対所得の値が 90％を超える国を図から除外した。

所得の時系列的変化を図 1-2 に整理した。なお，ベトナムについては利用可能なデータの期間は 2005 年以降のため，他の国と比べて系列が短い点に注意されたい。本図に示されるように，ベトナムを除く 4 つの国では 1980 年代から 1990 年代前半にかけて農業の相対所得が徐々に低下してきた。しかしタイとメキシコでは 1990 年代半ばから，ブラジルと中国ではそれぞれ 1990 年代末と 2000 年代前半には相対所得の低下が底を打ち，緩やかな上昇に転じていることがわかる。

もちろん，相対所得の傾向が反転したからといって，農業の相対所得は依然として 100％を大きく下回っていることに変わりがなく，2014 年時点で 4 つの国ともに農業の相対所得は 3 割台にとどまっている。他方，ベトナムに

図 1-2 中所得国における農業の相対所得の推移

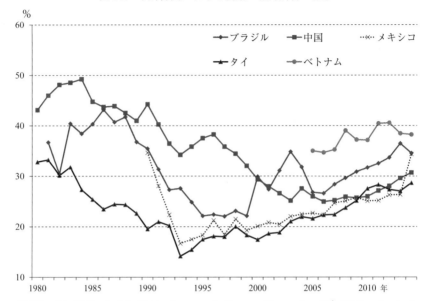

（出所）　World Bank, *World Development Indicators*（September 15$^{th}$, 2017 update）より筆者作成。ただし，ベトナムはベトナム統計局（www.gso.gov.vn）データより作成した（荒神衣美氏提供）。
（注）　GDPデータ，あるいは就業者データに欠損年次がある場合には，前後の年次データで直線補間した。

ついては系列が短いため，その傾向を判断することは難しいが，少なくとも 2005 年以降の 10 年間は相対所得がほぼ横ばいの状況にあり，わずかではあるが上昇傾向も観察される。

以上の点から，ベトナムを除く 4 カ国では 2000 年前後から農業の相対所得が改善に転じ，農業問題の第 3 段階への緩やかな移行が進展してきたことが指摘できる。ではこのような相対所得の改善と農業問題の第 3 段階への移行には，どのような促進要因が存在するのか。またその過程のなかで，中所得国の農業経営にどのような変化が発生し，その背景にはいかなるメカニズムが働いているのか。これらの点について，次節で具体的に考察していく。

## 第 2 節　世界の農業生産・貿易構造の変容

　中所得国農業が直面する状況を考慮する際，世界全体の農業，とりわけ農産物貿易を取り巻く環境の変化に注目することが重要である。先行研究では，経済のグローバル化とともに農産物貿易が大きく躍進した結果，途上国の農業経営に顕著な変化が発生したことが指摘されてきた（重冨 2007）。その一方で，グローバル化によって各国の農産物の生産動向や貿易政策の変化が世界的な規模で影響を与え，2007〜08 年には穀物価格の高騰が各国に波及するなど，グローバル化には負の側面も存在する。そこで本節では，このような農産物貿易と貿易政策をめぐる世界的な趨勢を概説するとともに，中所得国における農業経営の特徴とその変容を検討していく。

### 2-1. 農産物貿易の推移

　まず FAOSTAT を利用して，世界全体の主要農産物（穀物，油料作物，野菜・果物）に関する輸出総額の推移を整理した。その際，農産物の物価水準の変化をコントロールするため，FAO の Food Price Index（2002-2004 年 =100）を用いて輸出総額を実質化している。そのデータを整理した図 1-3 をみると，いずれの分類の農産物についても実質輸出総額の増加傾向が示されているが，増加のタイミングや変化の傾向には大きな違いが存在する。すなわち，穀物の輸出総額は 1970〜80 年代に顕著な増加をみせたが，その後の 1990 年代から 2000 年代半ばにかけて輸出総額は低迷してきた。しかし穀物価格が高騰した 2007〜08 年頃から穀物輸出総額が増加に転じ，年次ごとの変動があるものの，その後も増加傾向が続いている。

　他方，野菜・果物の輸出総額は 1970 年代中盤から緩やかに増加してきたが，1980 年代半ばから増加傾向がいっそう顕著になり，とりわけ 1990 年代後半には急速な増加を経験した。そして年次間の変動はあるものの，2000 年代も輸出総額の増加傾向は続き，穀物の輸出総額の倍以上の水準に達している。

それに対して油料作物の輸出総額は，1990年代末まで大きな変動はなかったが，2000年代に入ると中国による大豆輸入の急増を受け，油料作物の輸出総額は大きく増加し，2016年の輸出総額は2000年のそれの約2.8倍に達している[2]。

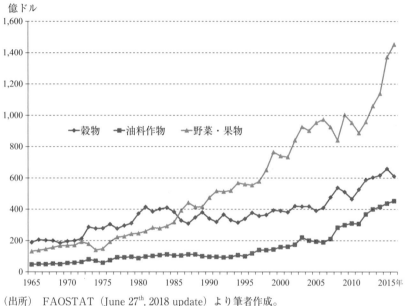

図1-3　主要農産物の輸出総額の推移

（出所）　FAOSTAT（June 27th, 2018 update）より筆者作成。
（注）　輸出額はFAO Food Price Index（2002-2004年=100）で実質化した値である。

輸出総額の増加が著しい野菜・果物について，その地域別の輸出動向を詳しく検討するため，図1-4では主要地域の実質輸出総額の推移を示した。本図からわかるように，1980年代前半にかけて各地域の実質輸出総額は20～30億ドルで推移し，輸出総額の地域別格差は相対的に小さかった。だが，

---

[2] 油料作物に関する南米の輸出額構成比は1980年の13%から2000年には30%に上昇し，2016年には41%を占めるに至った。

1990年代に入ると南米の輸出額の伸びが顕著で，2000年代半ばまでは4つの地域のなかで最大の輸出額を誇っていた。他方，中米の輸出額は1990年代中盤から2000年代半ばまで増加が続いてきたが，その後はやや停滞傾向にある。それに対して，東アジア（おもに中国）の野菜・果物輸出は1990年代後半からの増加が著しく，2000年代中盤には南米と肩を並べる水準に達し，2009年以降は南米を大きく上回る輸出額を実現した。また，東南アジアの野菜・果物輸出総額の増加率は他の地域と比較して緩やかで，1990年代後半も30億ドル弱の水準に低迷してきた。しかし2000年代前半から東南アジアの野菜・果物輸出総額にも顕著な増加がみられ，2013年の輸出総

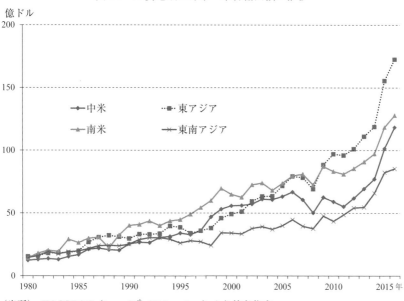

図1-4　主要地域の野菜・果物輸出額の推移

(出所)　FAOSTAT（June 27th, 2018 update）より筆者作成。
(注)　輸出額はFAO Food Price Index（2002-2004年=100）で実質化した値である。

額は86億ドルに達している[3]。

では，このような農産物輸出増加の背後には貿易制度や貿易政策に関するどのような変化が存在するのか。本節ではそのことを考察するため，世界貿易機関（WTO）に通知された二国間・多国間の地域貿易協定（Regional Trade Agreement: RTA）の締結数とその累計数を図1-5に整理した。地域貿易協定とは自由貿易協定（Free Trade Agreement: FTA）と関税同盟（Customs Union）の総称である[4]。

WTOのRTA-ISデータを整理した図1-5に示されるように，1980年代までは欧州経済共同体（EEC）や欧州共同体（EC）の設立とその後の加盟国の増加が展開されるものの，地域貿易協定の締結数は非常に限定的であった。しかしながら，先進国と新興国との間の利害対立によってWTOによる多角的貿易交渉（ドーハラウンドなど）が難航するなかで，アメリカ，カナダ，メキシコによる北米自由貿易協定（North American Free Trade Agreement: NAFTA）が1994年に発効され，ブラジルやアルゼンチンによるメルコスール（南米南部共同市場）が1995年に発足するなど，地域貿易

---

[3] 野菜・果物輸出総額の地域別構成比でみると，域内貿易の盛んな欧州の野菜・果物輸出の構成比は非常に高く，1980〜2000年にかけて5割弱の比率を占めてきた。しかし2000年以降は欧州の構成比に低下傾向がみられ，2016年の構成比は36%に低下した。その一方で，中南米の構成比は1990年の14%から2000年には16%に上昇してきた。その後の2010〜16年にかけて中南米の構成比は15〜17%に停滞したが，アジア地域の構成比は2000年の19%から2010年には25%，2016年には26%に上昇し，野菜・果物輸出の4分の1を占めるに至った。他方，野菜・果物輸入総額に占める構成比でみても欧州と北米の割合は全般的に高く，1980年ではそれぞれ67%と11%であった。その後，欧州の構成比は2000年には54%，2016年には47%に低下したが，北米の構成比は2000年には19%，2016年には18%となっている。

[4] FTAとは域内関税やその他の貿易制限的な通商規則を事実上すべて取り除くことにより，一定地域内の貿易を自由化するものである。それに対して，関税同盟とは域内の関税およびその他の制限的な通商規則を実質上，すべての貿易について撤廃すると同時に，各締結国が域外から輸入する産品に対する関税およびその他の通商規則を実質的に同一にするものである。RTAの定義は，経済産業省HPのRTA解説に基づく（http://www.meti.go.jp/policy/trade_policy/wto/negotiation/rta/rta.htm，2018年2月4日閲覧）。

協定の締結が1990年代半ばから急速に広がってきた。このような締結の動きは2000年代に入って一層強まり，RTAの累計数（発効中の協定のみ）は2000年の79から2010年には2倍を上回る206に増加し，2018年10月現在で288に達している。

図1-5　地域貿易協定の締結数の推移

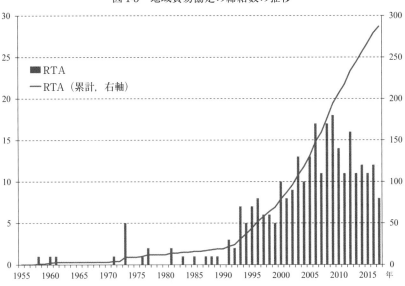

（出所）　WTO, Regional Trade Agreements Information System (RTA-IS) (October 16$^{th}$, 2018 update) より筆者作成。
（注）　地域貿易協定の数値は，WTOに通知された財貿易に関する協定に限定した。

この地域貿易協定の普及によって，貿易商品の関税率にも緩やかな低下傾向が示されている。World Integrated Trade Solution (WITS) の実効関税率データによると，世界全体でみたときの加工食品と野菜の関税率は1990年代には20％を上回っていた。しかし加工食品と野菜の関税率は1990年代中盤から緩やかに低下し始め，2015年の加工食品に関する関税率は14％，野菜の関税率は12％に下がった。この農産物関税の引き下げという傾向は，農産物の関税率が従来から低かった北米（関税率は4〜6％）を除くほとん

どの地域で確認されており，世界的な趨勢であると主張することができる。

さらに GATT ウルグアイラウンドや WTO の多角的貿易交渉のなかで，農産物の価格支持や生産・輸入補助金といった農業保護政策に関する国家予算が削減の対象となった。それを受け，1990 年代から OECD 加盟国において価格支持や不足支払いなど，貿易を歪める程度の大きい「黄」の政策が制限されてきた。その一方で，生産量とリンクしない生産者向けの支払いや「緑」の政策（貿易への歪曲性や生産への影響が小さく，生産者に対し価格支持の効果を有しない補助金）へのシフトが進展している（観山 2015；坪田 2016）。

実際，農業支持政策に関する代表的な指標である生産者名目保護係数（producer Nominal Protection Coefficient: pNPC）によって，その傾向が明確に示されている。pNPC とは，生産者平均受取価格（生産量に応じた直接支払い分を庭先価格に上乗せした価格）を国境価格（庭先価格換算）で割った値のことである。政策による移転がなく，かつ農産物の国内価格と国際価格が一致している場合には pNPC は 1 の値をとり，pNPC が 1 を上回るほど農業保護による政策支持が強化されることを意味する。まず OECD 加盟国全体の pNPC を考察すると，1980 年代半ばには pNPC は 1.5 を上回っていた。しかし 1990 年代に入ると，短期的な上下動は存在するものの pNPC は全体として低下傾向をみせ，2000 年には 1.2，2010 年には 1.1 となった。

また主要な OECD 加盟国のうち，米国では農業支持政策の程度が従来から相対的に弱く（1990 年の pNPC は 1.09），2010 年の数値も微減（1.02）にとどまった[5]。それに対して EU における pNPC は，1990 年の 1.48 から 2000 年には 1.29，2010 年には 1.05 となるなど，顕著な低下傾向がみられる。したがって農業支持政策の強さとその時系列的な傾向には国・地域による格差が存在するものの，

---

[5] 一方，移転額を含むグロスの生産者受取額（庭先価格換算）を国境価格で評価したグロスの生産者受取額（庭先価格換算）で割った値である生産者名目支持係数（producer Nominal Assistance Coefficient: pNAC）でみると，1990 年の米国の pNAC は 1.19 と相対的に高い。このことは，米国における生産義務なしの直接支払いによる農業保護の強さを示唆している。その後，米国の pNAC は 2000 年には 1.29 に上昇したが，2010 年には 1.09 に低下した。

国内産農産物への支持価格を通じた輸入抑制という政策が次第に抑制されてきたことは，OECD 加盟国共通の特徴として指摘することができる。

2-2. 中所得国の農業経営の変化

このような農業をめぐるグローバルな環境変化を踏まえ，以下では世界の農業経営の主体とその経営規模について考察していく。まず世界全体で評価したとき，小規模農業の経営体はどの程度の割合を占めているのか。世界全体の状況を把握するため，各国の農業センサス（1990 〜 2000 年頃）を集計した Lowder, Skoet and Raney（2016）の Appendix Tables を利用して，経営体の農地面積別の構成比を再集計した。本推計に使用した経営体数は 4.2 億の農場（farm），対象国数は 78 カ国にのぼる。その結果を整理した図 1-6 から明らかなように，1 ヘクタール未満の経営体が全体に占める比率は 72%と非常に高く，1 〜 2 ヘクタールの経営体比率も 12%，2 〜 5 ヘクタールの比率も 9%を占めている。それに対して，10 〜 20 ヘクタールの経営体比率は 1%，20 ヘクタール以上の比率も 2%にとどまることから，世界全体の経営体比率でみると「小規模農業」（smallholder agriculture）経営が圧倒的多数を占めていることがわかる。

　FAO によると「小規模農業」とは，「家族（単一または複数の世帯）によって営まれており，家族労働力のみ，または家族労働力をおもに用いて，所得（現物または現金）の割合は変化するものの，大部分をその労働から稼ぎ出している農業」と定義される（国連世界食料保障委員会専門家ハイレベル・パネル 2014, 20）。農業発展や食料安全保障，環境保全などの面で，FAO は小規模農業の重要性を強調しているが，その背景には小規模農業の圧倒的な比率の高さが存在するのである[6]。

---

6) ただし同様のデータによると，農地面積全体に占める 1 ヘクタール未満の農業経営体の割合はわずか 9.2%で，1 〜 2 ヘクタールの構成比も 4.8%にとどまる。他方，100 ヘクタール以上の農業経営体が農地面積全体に占める割合は 52.9%に達していることから，農業全体でみると大規模経営体が過半の農地を利用して経営活動を行っていることが指摘できる。

図1-6 世界全体の農地規模別経営体構成比（%）

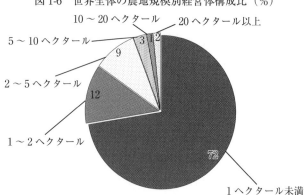

（出所）Lowder, Skoet and Raney（2016）の Appendix Tables より筆者作成（原資料の出所は FAO の世界農業センサス）。

（注）Lowder, Skoet and Raney（2016）の集計では 111 カ国の約 4.6 億農場のデータで作図しているが，本章ではデータを精査したうえ，国連世界食料保障委員会専門家ハイレベル・パネル（2014）で使用する 81 カ国のうちの 78 カ国・約 4.2 億農場のデータを利用した。

図1-7 主要国・地域別の経営規模別経営体の構成比

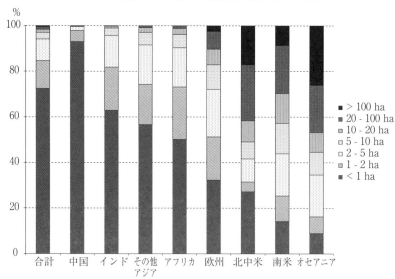

（出所）Lowder, Skoet and Raney（2016）の Appendix Tables より筆者作成。

このように経営規模でみると世界の中心は小規模農業であるが，農地面積や人口規模といった要素賦存条件の異なる地域や大陸間で考察すると顕著な格差が存在することがわかる。図1-6と同じく，農業センサスを集計したLowder, Skoet and Raney（2016）に依拠して，世界の主要国・地域ごとに経営規模別の経営体比率を図1-7に整理した。この図から明らかなように，中国やインドなどアジア地域では小規模農業の経営体比率が顕著に高い一方で，北中米や南米では中規模・大規模農業が大宗を占めている。具体的にみていくと，1ヘクタール未満の経営体比率では中国とインドの構成比がそれぞれ93％と63％であるのに対して，北中米と南米では構成比はそれぞれ27％と14％にとどまる。逆に20ヘクタール以上の経営体比率に注目すると，アジアではその経営規模の経営体は非常に少ないのに対し，北中米と南米ではそれぞれ42％と30％を占めるなど，大規模農業が広く普及していることがわかる。他方，アフリカと欧州の経営体比率はアジアとアメリカ大陸の中間に位置し，小規模農業を主体としながらも中規模農業の比率も相対的に高い割合を占めている。

　また，農業経営規模の推移を考察する際，農業の経営規模がどのように変化してきたかについて注視する必要がある。本章ではLowder, Skoet and Raney（2016）のAppendix Tablesに基づき，データの継続性が高い35カ国の数値を地域別に集計し（国平均の地域別単純平均。経営規模別比率の時系列データは同論文に未掲載），1970～2000年の経営体当たりの平均経営規模の推移を図1-8にまとめた。なお，1990年代以前の時期は農業センサス未実施の国が多く，時系列的な変化を考察できる国数は限られるため，データの代表性や厳密性の面で改善の余地がある点には注意されたい。この図1-8に示されるように，北米・南米とアジア地域では経営規模に明確な格差が存在している。1970年をみると北米と南米の平均経営面積はそれぞれ173ヘクタールと150ヘクタールであるのに対して，アジア地域の平均経営面積はわずか2.3ヘクタールにとどまる。

図 1-8　地域別の平均農地経営面積の推移

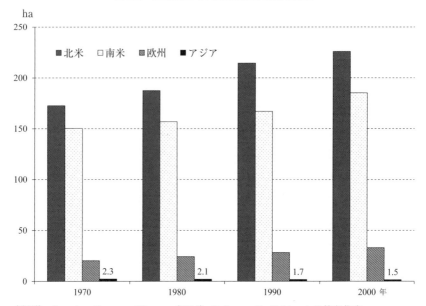

（出所）　Lowder, Skoet and Raney（2016）の Appendix Tables より筆者作成。
（注）　地域別の対象国数は，北米が 2 カ国（米国，カナダ），南米が 6 カ国（アルゼンチン，ブラジル，チリ，コロンビア，ウルグアイ，ベネズエラ），欧州は 18 カ国（オーストリア，ベルギー，デンマーク，フィンランド，フランス，ドイツ，ギリシャ，ハンガリー，アイルランド，イタリア，ルクセンブルク，オランダ，ポーランド，ポルトガル，スペイン，スウェーデン，スイス，イギリス），アジアは 9 カ国（日本，タイ，フィリピン，インドネシア，バングラデシュ，インド，ネパール，パキスタン，スリランカ）である。

1970 年以降の変化に注目すると，北米における平均経営面積の拡大傾向は顕著で，1980 年には 188 ヘクタール，1990 年には 214 ヘクタール，そして 2000 年には 226 ヘクタールに達した。北米と比べると南米の平均経営面積の拡大傾向は限定的で，1980 年と 1990 年の平均面積はそれぞれ 157 ヘクタールと 167 ヘクタールにとどまった。しかし 2000 年には平均面積が 185 ヘクタールに達するなど，1990 年代以降に拡大傾向が強まってきたことがわかる。欧州についても同じく緩やかな増加傾向が観察され，平均経営面積が 1980 年の 24 ヘクタールから 1990 年には 28 ヘクタール，2000 年には 33

ヘクタールに拡大してきた。それに対して，平均経営面積が圧倒的に小さいアジアでは，1970年以降は人口増加の影響も受けて平均経営面積は徐々に縮小し，1980年には2.1ヘクタール，1990年には1.7ヘクタール，2000年には1.5ヘクタールになった。

本書の主たる考察対象はアジア地域と中南米であるが，農業経営規模での歴然たる地域間格差の存在とその拡大傾向は，各国農業の取り組みを考察するうえで非常に重要である。すなわち，南米では恵まれた土地資源を利用して大規模農業経営を積極的に推し進める一方で，平均経営規模が圧倒的に小さいアジア地域では農地流動化や作業委託，農業の高付加価値化を通じて規模格差を克服する形で農業経営が展開されてきたと考えることができる。この点について，経済理論に依拠しながら次節で詳細に検討していく。

## 第3節　新しい農業経営の理論的解釈

### 3-1. 農業の環境変化とその理論的背景

前節で考察したように，先進国向けの農産物輸出の増大や先進国の農業保護政策の緩和など，農業をめぐる国際環境は急速に変化してきた。その一方で，アジアや中南米などの中所得国は，農業の要素賦存状況の違いや各々の比較優位を活用しつつ，農業経営の再編を推し進めている。これらの具体的な動向については各章での説明に譲るが，農業経営の変化を体系的に理解するためには，前述の速水理論の枠組みに加え，ミクロ経済主体や制度的側面に焦点をあてた経済理論を援用していく必要がある。

そこで本節では，(1)労働市場の変容，(2)インテグレーションの普及，(3)農村生産者組織の発展，(4)農地制度の改革と農地市場の活性化，という4つの観点から中所得国農業の構造変化を理論的に考察し，農業経営の変革を規定する要因を検討していく。

(1) 労働市場の変容と就業構造の変化

開発途上国における都市・農村の格差と経済発展に伴うその構造的な変化は，「二重構造」(dualism) と呼ばれ，1950〜1960年代のルイス (A. Lewis) による先駆的研究とラニス (G. Ranis) とフェイ (J. C. Fei) らの研究によって，ルイス・モデルとして体系化されてきた（寶劔 2015）。ルイス・モデルが想定するように，開発途上国，とりわけアジア地域では製造業を中心とした第2次産業の急速な発展に伴い，所得向上のための働き場を求め，農村から都市に大量の労働力が流出してきた。このような動向を受け，農村部に滞留していた多くの余剰労働力が喪失し，農村労働力の実質賃金が上昇する局面に移行する，いわゆる「ルイスの転換点」に達したとの議論がアジア地域を対象に広く展開されている（南・牧野・郝 2013）。

本章では転換点への到達についての議論を行わないが，アジア地域では都市部の未熟練労働に関する実質賃金の上昇が観測され，その影響が農村部にまで波及してきた点は重要である（末廣 2014, 131-137；寶劔 2013, 259-261；寶劔 2018）。標準的な農業経済学の教科書（荏開津 1997, 47-49, 55-58）が整理するように，農村部における実質労働賃金の上昇は生産要素価格比率の変化を引き起こし，農業生産に使用される投入財の組み合わせを変化させる。より詳しく述べると，農業生産の機械学的な側面に注目すると，資本（機械）と労働という2つの生産要素は代替的な関係にあり，等産出量曲線は原点に凸の関数として表現することができる。したがって，最適な投入量は資本と労働の要素価格比率に依存することから，労働の価格が相対的に高くなれば労働投入を節約し，資本の投入量を増やすことが生産者にとって効率的な選択となる。

さらに労働について，農業労働と非農業労働に分けて（余暇時間は単純化のために省略）考慮すると，製造業などの非農業労働の賃金が農業労働の賃金よりも上昇した場合，農家は農業労働の時間を削減して非農業就業時間を増やすことが想定される。また，自らの機会費用よりも相対的に安価な農業労働者が農村部に存在すれば，それらの労働力を利用して農業生産を行うこ

とも選択され，場合によっては農地を外部に貸し出すことも選択肢の1つとなる。その結果，農村において農業の兼業化が進行する一方で，農業機械化による規模の経済性を活用した大規模経営農家が出現し，穀物や豆類を中心に土地・資本集約的で労働節約的な農業生産が普及してくることが考えられる。

ただし土地集約的農業において，農業就業者当たりの農地面積が圧倒的に大きいアメリカ大陸が，当然のことながら比較優位をもっている。前述の図1-7と図1-8に示されるように，農業経営体当たりの農地面積が大きい北米や南米では，農作業の機械化が比較的容易である穀物や豆類を対象に大規模経営を展開する。とりわけ，2000年代初頭以降の中国からの大豆需要の増大にともない，南米では大豆の増産が急速に広がってきた（第6章）。それに対して，アジア地域では限られた農地を有効に活用する経営，すなわち土地節約型の技術を利用し，野菜・果物といった高付加価値農産物の生産を中心とする経営が広く展開されてきた。

さらに非農業就業機会の増大と労賃の上昇に対応する形で，農業生産と農業経営面での特化が進展することも予想される。すなわち，農産物の市況や消費動向の変化に敏感で農業経営の手腕に長けた生産者は，労働の質によって大きな差の出にくい農作業を専門業者や農業労働者に委託し，マーケティングや農業生産全体の管理など，自らの比較優位を生かす作業に専従する傾向を強めていく。第4章で詳細に検討するように，労賃上昇と比較優位に基づく特化という現象が，中所得国における農作業委託を通じた農業生産への転換を促進するのである。

(2) 農業インテグレーションの普及

農業生産の高度化のなかで，農産物の生産，加工，流通にかかわる様々な主体間でリンケージが強化され，農業における取引関係の長期化と内部化，固定化といったインテグレーションが進行する傾向がみられる。ただし前節で整理したように，世界全体の農業のなかで小規模経営が圧倒的多数を占め，

経営主体の絶対数も膨大な数に上っており，さらに農業生産は天候変化による影響を受けやすいといった特徴もある。そのため，アグリビジネスが農地に関する膨大な取得費用（探索・交渉費用も含む）を負担する形で所有権を統合したり，リスクをすべて内部化する「垂直的統合」(vertical integration)といった形式を選択したりするよりも，アグリビジネスと農業経営主体との間で農産物に関する売買契約や生産契約を締結する「垂直的調整」(vertical coordination)という形でのインテグレーションが一般的に採用されやすいという（大江 2002, 4）。

この垂直的調整のなかで重要な機能を果たしているのが，「契約農業」(contract farming)である。FAOによると「契約農業」とは，「購入者(buyer)と農家（farmer）との間の契約に基づいて実施される農業生産システム」のことで，契約には農産物の生産・流通に関する各種条件が定められている（Rural Infrastructure and Agro-Industry Division, FAO 2012, 1）。農産物の取引は従来，市場（いちば）での相対（あいたい）交渉やセリを通じて行われてきた。しかし，前節で検討したように先進国の農産物市場の開放度が高まり，品質や鮮度の高い差別化された農産物を途上国から輸入することを目的に，アグリビジネスとの契約農業が大きな広がりをみせている。

ではなぜ，農業生産者やアグリビジネスにとって契約農業が必要となるのか。近年の研究では，市場の不完全性を重視する制度経済学からの分析が進んでいる（寳劔 2014）。これらの研究によると，契約農業の導入理由は，①農産物の生産量・生産価格の不確実性とリスク，情報の非対称性への対処の必要性，②生産農家と加工・流通業者との間の取引費用の低減，という2点に整理される。まず①について，契約農業を通じて収量変動と価格変動による不確実性とリスクを生産農家と加工・流通業者でシェアすることで，各主体が負担するリスクを削減することが可能となる。さらに，食品の安全性や食味といった消費者が好む商品の特性はスポット市場では価格に反映されることが難しく，情報の非対称性が発生することが多い。そのため，契約農業を通じて生産者と加工業者との関係を密接にすることで，農産物の品質をよ

り適切に評価することができるようになる。

　②の取引費用については，(i) 財（農産物，投資資産）の特殊性（specificity）に伴うホールドアップ（holdup）問題と，(ii) 探索，計測，監視のコストにさらに分類することができる。ホールドアップ問題では，商品を生産するための特殊な生産設備（たとえば特殊な形にカッティングする加工機械）が必要な状況，あるいは商品自体の特殊性（牛肉の場合には買い手から求められる特定の肉質や霜降りの度合いなど）が強く，その商品を別の用途として使用・販売することが困難であるといった関係特殊的投資の状況を想定する。この場合，買い手の交渉力が高まるため，生産者は事後的な価格引き下げなどの不利な取引条件の受諾を余儀なくされたり，あるいはそのような事態を事前に想定して生産者は関係特殊的資産への投資を差し控えてしまうといった問題が発生する（中林・石黒 2010）。しかし生産者と買い手の間で十分な交渉が行われ，販売方法や数量・価格などの契約条件を明確に規定することができれば，生産者も安心して生産や投資を行えるようになり，契約農業によって生み出される商品の付加価値を双方で享受することが可能となる。

　それに対して，探索，計測，監視のコストについて，スポット市場では取引相手を探すためにコストがかかり，農産物の品質を確認するための計測コストも必要となる。とりわけ，農産物の特性が生産者への報酬と強くリンクしている場合（たとえば有機栽培の野菜・果物の栽培など）には，防除歴や施肥記録といった農産物に関する正確な情報がアグリビジネスや卸業者にとって重要であることから，買い手は農業契約によって生産活動を詳細に監視する必要がある。また，農業契約の締結をすることで，買い手の管理担当者が栽培方法や収穫の時期，販売流通の仕方などに関する情報・技術を生産者に提供したり，現場でのモニタリングや栽培管理に関する適切なアドバイスを行ったりすることも可能となる。その結果，有機農産物など高品質な農産物の生産・確保も容易となる。

　他方，契約農業に関する研究サーベイ（Otsuka, Nakano and Takahashi 2016; Minot and Sawyer 2016）によると，「販売契約」（農産物の販売価格

と販売量のみを取り決める契約方式）は自国消費の農産物を中心に広まっているのに対し，「生産契約」（農産物の販売価格と販売量に加え，生産のための投入財や栽培方式も事前に取り決める契約方式）は輸出農産物を中心に普及していることが示されている。また，野菜や果物，花卉類や畜産物といった高付加価値の農産物については契約農業が展開されやすい一方で，穀類では品質の差別化が難しく，かつ商品としての保存期間も長いため，契約農業の普及率が低いことも指摘されている。これらの研究に鑑みると，土地の賦存状況に恵まれないアジア地域では1990年代の農産物貿易の市場拡大を1つの契機に，契約農業を通じた農業振興を推し進めてきたと評価することができる。すなわち，土地節約型農業の比較優位を活用するため，高付加価値の農産物を国内・海外市場で販売する手段として契約農業が普及していったと考えられる。

(3) 農村生産者組織の発展

この契約農業と関連した重要な論点として，小農排除の問題が挙げられる。途上国の契約農業はアグリビジネスが中心となって展開されることが多いため，先行研究では契約農業は否定的にとらえられる傾向が強かった（Little and Watts 1994; Singh 2002）。具体的には，アグリビジネスがその強大な力を利用して，契約の形で安価な労働力を利用したり，農産物の価格変動のリスクを農業生産者に押しつけたりする可能性が危惧されてきた。また，契約農業の生産委託先としてスケール・メリットのある大規模農家が選好され，小農はその対象から排除される傾向が強いことも広く指摘されている。

しかしながら，生産要素（農業労働，農地など）市場や信用市場の発展度合い，生産者とアグリビジネスとの間の交渉・監視能力の大小関係によって，小農が必ずしも排除されないことが近年の研究で示されている（Reardon et al. 2009; Barrett et al. 2012）。Reardon et al（2009）ではその理由の1つとして，小農間の連携による規模の不経済と取引費用の大きさの克服を指摘する。すなわち，小農自身が「農村生産者組織」（Rural Producer Organizations）

と呼ばれる中間組織を設立することで農家間の連携を図り，経営規模や取引費用での劣位を克服するとともに，大規模経営農家と対峙できるような競争力を維持するというものである。

農村生産者組織には農業協同組合や水利組合，農業機械利用組合や集落営農など様々な形態のものが含まれる。農村生産者組織の分類として，生産者向けに信用や中間投入へのアクセスを高める組織，農産物の加工・処理を支援する組織，農産物の集荷と仲買人や最終消費者向けの販売に従事する組織，これらの事業活動のうちの2つ以上に従事し，農民の生活支援や環境の管理を含めた経済社会面での様々な要望への対応や公共財的サービスの提供を担う組織の4つが挙げられている（Ragasa and Golan 2014）。

その一方で，途上国の農村生産者組織に関する先行研究では，農業所得など農家の経済厚生に関する組織設立による効果の計測，あるいは組織自体のパフォーマンスに関する評価は必ずしも簡単ではないことが指摘されている。なぜなら，農村生産者組織の役割は多面的で，かつ農業・農村という多様性の強い環境のなかでその役割を評価する際には多くの困難さが伴うからである（Ragasa and Golan 2014）。さらに農村生産者組織は途上国において急速な発展をみせる一方で，組織内での効率性と公平性の衝突，タイプの異なる成員間での利害調整の問題，高度なバリューチェーンに対応するための経営能力・交渉力向上の必要性など，多くの課題に直面しているという（World Bank 2007, 153-157）。

本書で取り上げる中国やベトナムの事例が示すように，小規模農業を主とするアジア地域ではアグリビジネスと農家との連携の際，農村生産者組織がそのとりまとめ役を担ったり，農作業の監視・監督や集荷作業を負担したりしてきた。その結果，契約農業に付随する取引費用削減を実現することが可能となり，契約農業の普及に大きく寄与したと考えられる。

(4) 農地制度の改革と農地市場の活性化

　農業投資によって土壌の質や生産設備の機能を改善すること，あるいは農地の流動化を通じて経営面積の拡大と分散した農地の集約化を推し進めることは，農業生産性の向上のための有効な手段である。ただしその仕組みが機能する前提条件として，農地関連の法制度が十分に整備され，農地に関する所有者あるいは貸借人の権利が保障されることが挙げられる（Otsuka 2007）。またFederico（2005, 120-121）によると，伝統的な制度と比較して近代的な土地所有制度には，以下の5つの優位性が存在するという。すなわち，①賃貸・売買を通じた優良農家への権利移転による農地利用の効率化，②農地の担保機能の発生によるフォーマル金融へのアクセス向上，③「共有地の悲劇」的な共有資源の過剰利用の回避，④農地の私的保護のための投資削減，⑤農業投資におけるフリーライダーの抑制，といった面で近代的な所有制が高い効果を発揮し，農業の技術進歩や農業生産性の向上を促進するのである。

　その一方で途上国では，村落などの共同体が農地を管理する伝統的な制度が存続していたり，個人による土地の所有や使用を厳しく制限する制度が存在したりするなど，農業発展のための近代的な土地制度の整備は立ち後れてきた。このような状況を改善するため，世界銀行は途上国における近代的な土地所有制度の整備を目的の1つとして1970年代から農業支援を強化してきた。しかしながら，西欧的な土地所有制度の途上国への強要は，慣習的な制度が効率的に機能する地域では軋轢を発生させたり，土地登記のために貴重な資源が浪費されたりするといった問題も引き起こしてきた。

　そのため，世界銀行は土地制度の改革において在来の制度を尊重し，農地貸借権の安定化を促進するといった漸進主義的な方向に舵を切り始めている（Federico 2005, 121）。また，共有資源や共有地についても，その歴史的・文化的文脈の多様性を踏まえた形で慣習法をフォーマル化したり，意思決定や管理のプロセスを透明化したうえで共有資源の権利管理を行うといった取

り組みも広がっている<sup>7)</sup>。さらに GPS など最新の技術を利用し，より正確にかつ低コストで土地の登記や土地権利に関する認証を実施するといった活動も進められてきた（World Bank 2007, 138-143）。

したがって，土地所有の制度改革と権利強化は農業発展にとって不可欠なものであるが，その改革の方向性や具体的なプロセスの是非については，各国の歴史的な文脈のなかで評価されるべき問題である。すなわち，農地に関する近代的な小作権や所有権がどのような政治・経済的な過程で確立されてきたのか，そして制度改革によって農業生産にどのような効果がもたらされたのかという点に注目しながら，各章の議論を読み解いていく必要がある。

### 3-2. 農業の発展パターン

本節の後半ではここまでの議論を踏まえ，仮説提示の段階ではあるが中所得国における農業発展のパターンについて考察していきたい。

アジア農業の発展パターンを分析した重要な先行研究として，山田（1992）の研究が挙げられる。本研究によると，アジア農業における労働生産性の向上は「S字型発展パターン」（S-Shaped Path of Agricultural Growth）という「4つの局面」を辿って実現することが指摘されている。すなわち，土地生産性と土地装備率がともに上昇する「第1局面」，農地の外延的拡大の制約のもと土地節約的技術の改善によって労働生産性を高める「第2局面」，経済発展の深化とともに農村労働力の流出と土地装備率の上昇が進み，労働節約的・土地節約的技術を採用することで土地生産性が上昇する「第3局面」，急激な労働力流出と農業構造調整政策のなかで土地生産性と土地装備率が進展する「第4局面」を経るという（山田 1992, 254-257）。他方，南米など土地賦存状況に恵まれた地域では第2局面の様相が異なり，土地集約的技術の

---

7) 世界銀行によるアフリカ諸国への支援活動では，慣習的な小作権（tenure）を法制化する際に，小作権に関する口頭契約など根拠の比較的弱い資料や情報の利用を容認したり，土地管理に関する地方分権的な組織を設立したりすることが行われてきた。それによって，権利認証において不利になりがちな女性を保護するとともに，一部の地元エリートによる土地収奪を抑制しているという（World Bank 2007, 138-140）。

普及によって土地装備率が上昇することも示されている[8]。

　データの制約上，山田（1992）と同様の手法による長期トレンドの考察は困難であるため，本節では長期統計が利用可能な GDP 比率と就業者比率のデータを利用して，農業発展の趨勢について概説していく[9]。図 1-9 では縦軸に第 1 次産業の就業者比率，横軸に第 1 次産業の GDP 比率をとり，本書で取り扱う 5 カ国（中国，タイ，ブラジル，メキシコ，ベトナム）の時系列的変化を図示した。なお，国によって時系列データの対象期間が異なり，中国とタイは 1980〜2015 年，ブラジルは 1981〜2015 年，メキシコは 1990〜2015 年，ベトナムは 2005〜15 年である。まず，中国とタイの動向を見てみると，非常に似通った形状をとっていることがわかる。すなわち，1980〜90 年代にかけて第 1 次産業の GDP 比率は顕著に低下する一方，第 1 次産業の就業者比率の低下は緩やかで，多くの就業者が依然として第 1 次産業に滞留する状態が続き，図では水平方向の変化として描かれている。

　しかしながら，2000 年代以降は様相が大きく変化し，第 1 次産業の GDP 比率は両国ともに 10％前後を維持する一方で，第 1 次産業の就業者比率は大きく低下したため，図 1-9 では垂直方向の変化として表現されている。具体的に数字を示すと，2000 年の第 1 次産業就業者比率は中国では 50％，タイでは 49％であったが，2015 年にはそれぞれ 28％と 32％に下落するなど，

---

[8] 国連世界食料保障委員会専門家ハイレベル・パネル（2014）では，農業就業者の増減と農業・非農業間の所得格差の高低から，1970 年代から 2007 年までの世界各地の農業パターンを分類している。それによると，中南米では農業就業者数はほとんど増加しないが，農業就業者の所得格差はむしろ改善するのに対して，アジア地域では農業就業人口が増加する一方で所得格差が悪化するパターンを辿るという。しかしながら，アジア地域の農村世帯は必ずしも農業労働に特化するわけではなく，地元や都市部で非農業労働に就業することで農外賃金を獲得する割合が高い（Otsuka 2013）。したがってこの比較方法では，アジアの農村世帯所得が過小に評価される危険性が存在する。

[9] 世界開発指標の就業者数に関する詳細なデータは 1990 年以降の時期に限定されるが，山田（1992）と同様の手法で農業発展パターンの考察を行った。その結果，3 カ国（ブラジル，メキシコ，中国）では 1990 年以降の時期に山田（1992）の第 3 局面と符合する動きが観察された。

図1-9 第1次産業の就業者比率とGDP比率による農業発展パターン

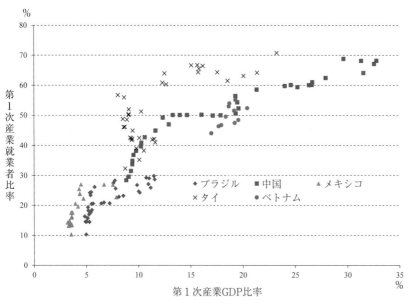

（出所）World Bank, *World Development Indicators*（September 15th, 2017 update）より筆者作成。ただし，ベトナムはベトナム統計局（www.gso.gov.vn）データを利用した（荒神衣美氏提供）。
（注）GDPデータ，あるいは就業者データに欠損年次がある場合には，前後の年次データを利用して直線補間した。

就業者比率が半減した。またベトナムについては，第1次産業のGDP比率の低下傾向はそれほど明確ではないが，就業者比率は着実に低下するなど，2000年代以降の中国・タイの動向に近い変化がうかがえる。

それに対してブラジルとメキシコでは，1980〜90年代から第1次産業のGDP比率と就業者比率がアジア地域と比べて圧倒的に低く，GDP比率は約1割，就業者比率も2〜3割にとどまっていた。1990年代には両国ともに，第1次産業の就業者比率は比較的安定していたが，GDP比率の低下がやや目立つ状況にあった。しかし2000年代に入るとGDP比率はほぼ横ばいの状況を保つ一方で，就業者比率は顕著に低下してきたため，垂直方向の変化が図に描かれている。

以上の点をまとめると，経済発展の初期段階では製造業など非農業部門の成長が相対的に顕著で，第1次産業のGDP比率は大きく低下するが，第1次産業には依然として多くの就業者が滞留するため，図1-2で示した農業労働の相対所得が低下していく。特に人口密度が高いアジア地域では，多くの労働者が農業部門にとどまる傾向が強いため，相対所得の低下が長期にわたりがちである。その過程のなかで発生するのが，速水理論が主張する農業調整問題であり，第1次産業に滞留する労働者をどのように非農業部門に再配置していくかが重要となる。

　そして経済発展がさらに一歩進むと，農業の産業化やイノベーションの進展，農業支援の強化によって農業部門が他の産業部門と比肩する成長率を実現する一方で，農業部門から非農業部門への労働者の再配置も進展していく。その成果として，図1-2で示されるように農業相対所得の低下傾向から上昇傾向への移行が観察されるのである。このような変化は，図1-9で描かれる垂直方向の変化に対応し，農業経営の大規模化や農産物の高付加価値化，農業関連サービスの委託市場の発展や契約農業の普及といった農業経営の転換が徐々に進行してきたと考えることができる。


## おわりに

　本章では，経済発展と農業問題との巨視的関係を提起する速水理論に依拠しながら，農業環境と農業政策の変容をマクロ的に裏づけるとともに，新たな農業経営が出現する理論的背景を考察してきた。本書の分析対象である5カ国のうち，ベトナムを除く4カ国では2000年前後から農業部門の相対所得が改善に転換し，速水理論の主張する農業問題の第3段階への移行が進展していることが明らかとなった。各章で詳細に議論するように，このような農業発展を主として牽引してきたのは，各国政府による農業振興政策の強化と，その政策的支援に呼応しながら成長してきた農業経営者の存在である。

他方,先進国を中心とした農業保護政策の緩和と農産物輸入の増大が,中所得国における農業発展の契機の1つであったことも本章で説明してきた。

さらに本章では,農業のグローバル化が初期条件や要素賦存状況の差違に応じた各地域の農業発展の多様性を顕在化させていることを提起した。すなわち,南米では農業経営の大規模化が普及する一方で,アジア地域では小規模経営のもとで土地節約的技術に重点を置き,契約農業や農村生産者組織を活用することで農業生産性の向上を図っているのである。このような中所得国の農業経営の構造変化は,労賃上昇による農家の就業形態の変化や農業インテグレーションの進展,農地制度改革による農地流動化の深化など,経済の様々な側面と密接に関連していることを本章では経済理論に基づいて指摘してきた。世界農業の趨勢とそのダイナミズムを認識しつつ,以下の各章では中所得国の「農業経営の変革」の実態について,各国の一次資料と現地調査に基づき体系的に考察していく。

〔参考文献〕

<日本語文献>
荏開津典生 1997.『農業経済学』岩波書店.
大江徹男 2002.『アメリカ食肉産業と新世代農協』日本経済評論社.
国連世界食料保障委員会専門家ハイレベル・パネル 2014.『人口・食料・資源・環境 家族農業が世界の未来を拓く――食料保障のための小規模農業への投資』(家族農業研究会,農林中金総合研究所共訳)農山漁村文化協会.
重冨真一編 2007.『グローバル化と途上国の小農』アジア経済研究所.
末廣昭 2014.『新興アジア経済論――キャッチアップを超えて』岩波書店.
坪田邦夫 2016.「各国の農業政策の分析手法――PSE/CSE指標による分析とその応用」林正徳・弦間正彦編『「ポスト貿易自由化」時代の貿易ルール――その枠組みと影響分析』農林統計出版.
中林真幸・石黒真吾編 2010.『比較制度分析・入門』有斐閣.
速水佑次郎 1986.『農業経済論』岩波書店.
速水佑次郎・神門善久 2002.『農業経済論 新版』岩波書店.

寶劔久俊 2013.「食糧——安価な食糧を生み出す流通制度と農業技術」渡邉真理子編『中国の産業はどのように発展してきたか』勁草書房.
―― 2014.「途上国に関する契約農業の研究動向と中国農村の実態」寶劔久俊編『中国農業の経済分析——「農業産業化」による構造転換』調査研究報告書, アジア経済研究所.
―― 2015.「二重構造と労働移動」ジェトロ・アジア経済研究所・黒岩郁雄・高橋和志・山形辰史編『テキストブック開発経済学　第3版』有斐閣.
―― 2017.『産業化する中国農業』名古屋大学出版会.
―― 2018.「中国農民工の職務意識と離職行動」『国際学研究』7(2).
南亮進・牧野文夫・郝仁平編 2013.『中国経済の転換点』東洋経済新報社.
観山恵理子 2015.「農業直接支払い」馬奈木俊介編『農林水産の経済学』中央出版社.
山田三郎 1992.『アジア農業発展の比較研究』東京大学出版会.

＜英語文献＞

Barrett, Christopher, Maren Bachke, Marc Bellemare, Hope Michelson, Sudha Narayann and Thomas Walker 2012. "Smallholder Participation in Contract Farming: Comparative Evidence from Five Village." *World Development* 40(4): 715-730.

Federico, Giovanni 2005. *Feeding the World: An Economic History of Agriculture, 1800-2000*. Princeton: Princeton University Press.

Little, Peter D. and Michael J. Watts 1994. *Living under Contract: Contract Farming and Agrarian Transformation in Sub-Saharan Africa*. Madison: University of Wisconsin Press.

Lowder, Sarah K., Jakob Skoet and Terri Raney 2016. "The Number, Size, and Distribution of Farms, Smallholder Farms, and Family Farms Worldwide." *World Development* 87(11): 16-29.

Minot, Nicholas and Bradley Sawyer 2016. "Contract Farming in Developing Countries: Theory, Practice, and Policy Implications." In *Innovation for Inclusive Value-chain Development: Successes and Challenges*, edited by André Devaux, Maximo Torero, Jason Donovan and Douglas Horton. Washington D.C.: International Food Policy Research Institute.

Otsuka, Keijiro 2007. "Efficiency and Equity Effects of Land Markets." In *Handbook of Agricultural Economics Volume III*, edited by Robert Evenson and Prabhu Pingali. Amsterdam: North-Holland.

―― 2013. "Food Insecurity, Income Inequality, and the Changing Comparative Advantage in World Agriculture." *Agricultural Economics* 44(S1): 7-18.

Otsuka, Keijiro, Yuko Nakano and Kazushi Takahashi 2016. "Contract Farming in Developed and Developing Countries." *Annual Review of Resource Economics* (8): 353-376.
Ragasa, Catherine and Jennifer Golan 2014. "The Role of Rural Producer Organizations for Agricultural Service Provision in Fragile States." *Agricultural Economics* 45(5): 537-553.
Reardon, Thomas, Christopher B. Barrett, Julio A. Berdegue and Johan F. M. Swinnen 2009. "Agrifood Industry Transformation and Small Farmers in Developing Countries." *World Development* 37(11): 1717-1727.
Rural Infrastructure and Agro-Industry Division, FAO 2012. *Guiding Principles for Responsible Contract Farming Operations*. Rome: FAO.
Singh, Sukhpal 2002. "Contracting Out Solution: Political Economy of Contract Farming in the Indian Punjab." *World Development* 30(9): 1621-1638.
World Bank 2007. *World Development Report 2008: Agriculture for Development*. Washington D. C.: World Bank.

＜データベース＞
FAO, Food and Agriculture Organization Statistical Database (FAOSTAT) (http://faostat.fao.org/).
World Bank, World Development Indicators (WDI) (https://data.worldbank.org/data-catalog/world-development-indicators).
World Bank, World Integrated Trade Solution (WITS) (https://wits.worldbank.org/).
WTO, Regional Trade Agreements Information System (RTA-IS) (https://rtais.wto.org/).


［付記］本研究の実施にあたり，科研費基盤研究（C）「中国における農地貸借の契約デザイン分析」（代表者・寶劔久俊，JP16K03691）の助成を受けた。

# 第2章

# 中国における「農業産業化」と小農経営の変容
――農民専業合作社による大規模畑作経営の事例――

山田 七絵

## はじめに

　中国では1980年代初頭の人民公社体制の崩壊と生産請負制の導入を経て，無数の独立した小規模な家族経営が生まれた。農家の生産意欲は大いに刺激され，農業生産性は大幅に向上した（McMillan, Whalley and Zhu 1989）。ところが1990年代後半以降，中国は農業生産性の低迷，農村住民の相対的な低所得，農村経済の停滞などのいわゆる「三農問題」に直面するようになった。中央政府もこれを重視しており，毎年初に公表する当年の最も重要な政策文書である「中央一号文件」も2004年以来15年連続で三農問題が主題となっている。

　中国農業の伸び悩みの本質的な原因の1つは，農業経営の零細性である。2009年末時点の中国の農家1戸当たり平均経営耕地面積は7.1ムー[1]（約47.5アール）に過ぎず，平均4.1カ所に分散している[2]（『全国農村固定観察点数据匯編（2000-2009年）』）。これは同様に零細経営を特徴とする日本の農家1戸当たり平均経営耕地面積2.5ヘクタール（都府県平均は1.8ヘクタール，

---

1) ムー（畝）は中国の面積単位。1ムーは15分の1ヘクタール。
2) 本章で用いる「農家」，「農民」とは，職業としての農業従事者ではなく，中国の戸籍制度によって定められた農村戸籍保持者の世帯およびその構成員を指す。

2015年）を大きく下回る[3]。農業経営規模の零細性は機械化を阻害し，生産要素の調達にかかるコストを引き上げ，結果的に生産性を低下させてしまうことが知られている[4]。そして，それを克服するためには経営規模の拡大による規模の経済の発揮が有効である。具体的な方法としては，農地の借入を通じた面的な拡大，農家の組織化による農作業や販売の共同化のほか，作業委託によっても規模の経済の恩恵を享受できる（有本・中嶋 2010）。

もう1つの問題が，計画経済期に人民公社が担っていた農業生産にかかわるサービスを誰がどのように供給していくか，という点である。生産請負制導入後の小規模家族経営は，不慣れな市場経済に対応するためのサポートを必要としていたが，そのような制度や組織の不在が1980年代後半に農業の停滞の一因となった。そこで1990年代以降，新たな農業経営システムとして「双層経営体制」（個々の農家経営の機能を補完する末端レベルの地域経済組織による二重経営体制），「農業社会化服務システム」（多様な経済主体が農家に生産サービスを提供するシステム）が農業政策のなかで強調されるようになった（佐藤 1996）。やがて農業技術や共同販売などを行う技術協会などの農民による自発的な組織や流通商人，農産物加工企業などが政府や市場の機能の一部を代替するようになった。このような動きは，後述する「農業産業化」とよばれる農業インテグレーションの推進政策に受け継がれていく。

他方，中国農業は国民の所得水準の向上に伴い多様化・高度化する消費者の需要への対応という新しい問題にも直面している。1990年代中盤に食料自給を達成した後，農業政策の重点は食料増産から食料の安定供給および品質や安全性の向上へとシフトした。とりわけ2000年代以降，都市部の消費者の食の安全に対する関心の高まりとスーパーマーケットやファーストフー

---

3) 農林水産省「2015年農林業センサス結果の概要（概数値）」（農林水産省ウェブサイト）。
4) 中国における農地の分散に起因する生産性の低下は，先行研究によって実証的に明らかにされている（例えばNguyen, Cheng and Findlay 1996; Tan, Heerink and Qu 2006）。

ド店等の近代的なフードサプライチェーンの普及によって，生産者側にも多様な需要にきめ細かく対応できる仕組みが必要とされるようになった。

　これらの問題に対応するため，中国政府は1990年代後半以降農業産業化を実施してきた。そして，契約農業などを通して小規模農家を牽引する「龍頭企業」[5]とよばれるアグリビジネス，龍頭企業と農家を結びつけ，農業生産サービスを提供する生産者組織「農民専業合作社」（以下，専業合作社），大規模農家など多様な主体を新しい農業の担い手と位置づけ，重点的に優遇政策を実施している。同時に，中国政府は2000年代以降，農地制度の改革により農地使用権の流動化を通した担い手への農地の集中を奨励するとともに，各種サービス組織の育成を進めている。農業の相対的な収益性が低下し，農村労働力の非農業部門へのシフトが進むなか，中国農業は高齢化や労働力不足といった新しい問題に直面している。農家所得の向上や食料安全保障の観点からも，新たな農業の担い手の育成は喫緊の課題となっている。

　本章では，中国の市場経済化後の変化のなかで現れた新しい農業の担い手に着目し，その特徴と経営の存立条件を検討する。後半の事例研究では，全国的な普及率の高さと一般的な小規模農家への影響の大きさに鑑み，専業合作社の事例を取り上げることとしたい。後述するが，協同組合である専業合作社は広範な農民に門戸が開かれており，いまや4割以上の農家が農産物の売買，作業委託，技術普及などを通してかかわりを持っている。これに対し，同様に新しい担い手と目されている大規模農家は農業経営体数全体のわずか1〜2％に過ぎず，土地資源が豊富でまとまった農地の借り入れが可能な東北地方や内蒙古自治区に集中するなど，地域的な偏りが大きい[6]。また，地代や設備投資のために大きな初期投資が必要となり，一般の農家からみた参入障壁は決して低くない。農家の所得向上をもたらす機会の1つである契約

---

5) 地域のリーディングカンパニー。主に農産物加工企業などを指す。
6) 筆者が2016年7月に内蒙古自治区巴彦淖爾市磴口県で行った家庭農場へのインタビュー調査によれば，まとまった農地の取得経緯は砂漠や荒れ地など未利用地の開墾，退職した政府の幹部が国有農場を請負うなどやや特殊なケースが多かった。

農業への参加条件をみても，Minot and Sawyer（2016）によれば中国では必ずしも大規模農家が選好されるとは限らない。

事例研究では，中国北部の華北平原に位置する典型的な畑作地帯，河北省邯鄲市の専業合作社を取り上げる。同地域は従来自給的な小麦・トウモロコシの二毛作が主流であったが，隣接する北京市や河北省の省都である石家荘などの大都市にも近いことから，近年大消費地向けに商品作物の契約生産を行う大規模農家や専業合作社など，新しいタイプの農業経営が発展しつつある。以上の理由から，調査地として選定した。調査事例はいずれも農業部と現地政府のカウンターパートを通じて紹介された専業合作社であり，経営状態が比較的良好な事例である。

本章の構成は以下のとおりである。第1節では中国農業をとりまく環境の変化として，マクロ的な経済構造の変化，農地賃貸借市場の発達，農業関連サービス業の発展について確認する。第2節では，関連する農業政策の流れを解説したうえで，新しい農業の担い手の発展状況を紹介する。第3節では，北方畑作地帯の河北省の専業合作社の事例を取り上げ，経営モデルの転換とその効果，経営の存立条件について考察する。

## 第1節　中国農業をとりまく環境の変化

### 1-1. 経済における農業の地位の低下

新しい農業の担い手が登場した背景として，市場経済化後の中国経済のなかで農業の地位がどのように変化してきたかを確認したい。まず，『中国統計年鑑』2017年版に基づき，1978年以降の第1次産業（農林水産業のみ，関連サービス業は除く）が国全体のGDPおよび就業人口に占める比率の変遷を確認したい。GDPに占める第1次産業の比率は，1980年代半ばまでは30％程度で推移していたがその後低下の一途をたどり，2000年代末には10％を切り8～9％台で推移している。続いて就業をみると，全就業者数に

占める第1次産業就業者の比率は1978年以降ほぼ一貫して低下しており，2016年までの30数年間で70.5％から27.7％へと大幅に低下した[7]。このように，農業が中国経済全体に占める地位や就業先としての重要性は大きく低下してきている。

次に，1985年以降の農村住民1人当たりの所得に占める農業所得の内訳の推移をみていきたい（図2-1）。所得は「給与所得」，「経営所得」，「資産所得」，「移転所得」の4つから構成される。「給与所得」は出稼ぎや事業所での勤務によって得られた報酬，「経営所得」は農林水産業の経営による所得，「資産所得」は利子や地代，「移転所得」は家族からの仕送りや公的な補助金，補償金などを指す。1990年代半ばまでは「経営所得」が全体の7割以上を占める最大の収入源であったが，2015年の所得構成は「給与所得」が最大で40.3％と「経営所得」の39.4％を追い越している。さらに農業所得のみについてみれば，2015年には全体のわずか21.1％となっており（『中国住戸調査年鑑』2016年版），農業経営はもはや農民の主要な収入源とはいえなくなっている。

農村出身の出稼ぎ労働者（「農民工」）の動向も確認しよう。2001年の農民工の総数の推計値は8961万人だったが，2016年には2億8171万人と3倍以上に増加し，全就業者数に占める割合は12.3％から36.3％に達した[8]。このように，農民の所得構成と就業形態は大きく変化し，非農業部門への依存が強まってきたといえるだろう。

---

7) 就業者数の定義は1990年に変更されたため，それ以前の数値とは連続性がないことに注意が必要である。
8) 農民工とは，出身地の郷鎮外で就業している農村戸籍者を指す。2001年と2016年の農民工数はそれぞれ『中国農村住戸調査年鑑』各年版と「2016農民工監測調査」（中国国家統計局ウェブサイト）による。前者は約7100行政村，6万8000戸のサンプリングデータに基づく資料で，2001〜2006年のデータが公表されている。後者は国家統計局により2008年から始まった調査に基づく資料で，農民工の送り出し地域からサンプリングした8906村，23万7000人を対象としている。両者は異なる調査に基づいているため，データに連続性はない。全就業者数は『中国統計年鑑』2017年版による。

図2-1 農村住民の可処分所得の内訳

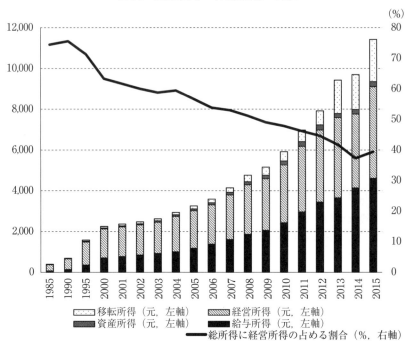

(出所)『中国住戸調査年鑑』2016年版。
(注) 出所の調査は2013年から都市と農村を統合したものとなり項目の分類方法に変更があったため、2012年以前とそれ以降の数値には連続性がないが、参考までに示した。

1-2. 農地賃貸借市場の発展

中国は土地の公有制を採用しており、都市の土地は国有、農村の土地は集団所有となっている。1980年代前半の生産請負制導入後は、農村の集団所有地の主な所有主体は村(厳密には当該村に戸籍をもつ農民全員による総有)とされており、村ごとに農民に対し農地使用権(「農村土地請負経営権」)が人口に応じて均等に分配された。農民個人には農地の所有権ではなく使用権のみが与えられており、処分権は認められていない。

農地流動化の進展状況について，具体的な統計資料を用いて確認したい。農地流動化の動向を時系列的に確認できる資料として，1980年代〜2009年をカバーする『全国農村社会経済典型調査数据匯編（1986-1999年)』，『全国農村固定観察点数据匯編（2000-2009年)』と2009年以降公表されている『中国農業発展報告』各年版，『中国農業統計資料』各年版，2006年単年の資料として第2次農業センサス（『中国第二次全国農業普査資料匯編』）があるが，資料によりデータのとり方が異なり，連続性が確保されていない[9]。そこで，資料別に分けてみていきたい。

まず，1980年代から2000年代半ばまでの動向は以下の通りである。農業部の固定観察点調査の資料によれば，1980年代から1990年代にかけて農地流動化率（当年に貸借が行われた農地使用権面積の合計を全請負農地面積で除したもの）は10%以下にとどまっていたが，1990年代後半から急速に上昇し，2007年には16.3%に達した。また，第2次農業センサスによれば2006年末時点でも農地の流動化率は戸数ベース・面積ベースいずれも1割程度に留まっていた[10]。地域による差も大きく，東部沿海地域や直轄市で流動化比率が相対的に高くなっている。

次に農業部の資料を参照しながら，2009年以降の農地流動化の動向を確認しよう（図2-2）。図中の「流動化面積」は当年中に取引された農地の面積，「流動化率」は「流動化面積」が全請負農地面積に占める比率を意味する。いずれも期間中順調に伸びており，流動化面積は同期間中に1000万ヘクタールから2980万ヘクタールへ，流動化率は12.0%から33.3%に達した。

続いて，農地流動化の方法や貸出先の変化をみていきたい（表2-1参照）。中国で公式に認められている農地使用権の移動の方法には，農家間の相対で行われるものと，所有主体である村を介在して組織的に行われるものの2種

---

9) 1980年代以降の農地流動化の進展については，寳劔（2017, 126-128）に包括的な解説がある。
10) 第2次農業センサスによれば，2006年の農地流動化率は10.8%。

図 2-2　農地流動化の進展状況

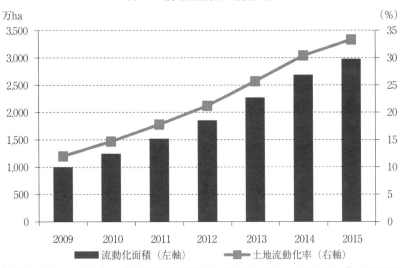

（出所）　2009〜2010年は『中国農業発展報告』各年版，2011〜2015年は『中国農業統計資料』各年版。

表 2-1　農地流動化の方式，貸出先別の流動化面積の構成比の変化

| 項目／年 | 2011 | 2012 | 2013 | 2014 | 2015 |
|---|---|---|---|---|---|
| 流動化面積合計 | 1,519.6 (100.0) | 1,855.6 (100.0) | 2,273.5 (100.0) | 2,689.3 (100.0) | 2,978.9 (100.0) |
| 流動化の方式別面積（構成比） | | | | | |
| 貸借（「転包」） | 775.8 (51.1) | 915.3 (49.3) | 1,065.6 (46.9) | 1,252.3 (46.6) | 1,401.1 (47.0) |
| 譲渡（「転譲」） | 67.3 (4.4) | 73.3 (4.0) | 74.2 (3.3) | 79.7 (3.0) | 83.2 (2.8) |
| 交換（「互換」） | 97.4 (6.4) | 120.0 (6.5) | 140.6 (6.2) | 156.9 (5.8) | 160.5 (5.4) |
| 村外への貸出（「出租」） | 411.3 (27.1) | 535.5 (28.9) | 720.0 (31.7) | 891.5 (33.1) | 1,021.8 (34.3) |
| 株式合作（「入股」） | 84.8 (5.6) | 109.4 (5.9) | 157.8 (6.9) | 180.8 (6.7) | 181.1 (6.1) |
| その他 | 83.0 (5.5) | 102.1 (5.5) | 115.2 (5.1) | 128.2 (4.8) | 131.2 (4.4) |
| 貸出先別面積（構成比） | | | | | |
| 農家 | 1,027.7 (67.6) | 1,200.4 (64.7) | 1,370.6 (60.3) | 1,569.6 (58.4) | 1,747.1 (58.6) |
| 農民専業合作社 | 203.6 (13.4) | 294.0 (15.8) | 462.9 (20.4) | 589.3 (21.9) | 649.1 (21.8) |
| 企業 | 127.2 (8.4) | 170.4 (9.2) | 214.7 (9.4) | 258.8 (9.6) | 282.1 (9.5) |
| その他 | 161.0 (10.6) | 190.7 (10.3) | 225.2 (9.9) | 271.6 (10.1) | 300.5 (10.1) |

（出所）　『中国農業統計資料』各年版。
（注）　単位は万ムー，パーセント。「その他」には，1年未満の他者への委託耕作が含まれる。

類がある。以下,政策文書などに基づきそれぞれの制度について順に説明する。

　第1に,農家間の相対取引には「貸借」(原語は「転包」),「譲渡」(「転譲」),「交換」(「互換」),「村外への貸出」(「出租」) がある。「村外への貸出」以外はすべて同一村内での取引である。貸借は貸し手が農地使用権を保持したまま借り手に貸し出すもので,もっとも広範に行われている。譲渡は,貸し手が借り手に農地使用権を半永久的に与えてしまう方法,交換は土地の分散等を解決するため,相互の農地使用権を交換する方法である。村外への貸出は村のメンバーではない農家や組織への貸出を指す。

　第2に,村を介した組織的な取引として,「株式合作」(「入股」) がある。「株式合作」は農地使用権を資産評価して株式化し,集積した土地で統一的に経営を行った利益を株主である農家に配当などの形で分配する制度である。表2-1中には示されていないが,このほかに「村による農地集積と貸出」(「反租倒包」) と「オークション」(「拍売」) がある。前者は,農家の農地使用権を村が回収して集積したうえで大規模農家や組織に対して貸出し,統一的な農業経営を行わせるものである。2000年代に農民の権益保護の観点からその行き過ぎを抑制する政策文書が出されたが,実際には多くの地域でこの方式による農地流動化は行われている (寳劔 2017, 132-133)。後者は集団所有地のうち農地以外の荒地など生産性の低い土地を入札,競売の方法で農家に経営を請負わせる方法である。荒地の請負期間は農地より長く,30〜70年と定められている。

　農地流動化の方式,貸出先別の流動化面積とその構成比を表2-1に示した。流動化面積全体の増加に伴い,絶対数ではいずれの方式の面積も増加している。構成比を見ると,貸借,譲渡,交換,株式合作の比率は,いずれも横ばいか減少傾向にある。一方で「村外への貸出」は増加しており,2015年には34.3％を占めている。

　貸出先別の構成比の変化をみていこう。最大の貸出先である農家への貸出面積は,流動化面積全体の増加に伴い,期間中1027万7357ムーから1747万822ムーへと増加している。ただし,流動化面積全体に占める比率は

67.6％から58.6％へと大きく減少している。他方，専業合作社や企業などの組織への貸出は絶対値，比率ともに増加傾向にある。特に専業合作社への貸出面積は，203万6489ムー（流動化面積に占める比率は13.4％）から649万1273ムー（同21.8％）へ3倍以上に増加しており，企業と合わせると2015年には流動化面積全体の3割以上を占めるに至っている。以上から，農地の取引方法は同一村内の個人間の相対が中心であったが，近年貸出の範囲が広域化していること，貸出先も農家だけではなく専業合作社や企業などへと多様化していることがわかる。

　以上のように，農地使用権の取引市場は近年大きく発展してきた。では，その結果農家の経営規模の分布には変化がみられるであろうか。2016年の農家戸数ベースでみた全国の経営規模の分布を確認する（『中国農村経営管理統計年鑑（2015年）』）。10ムー（0.67ヘクタール）以下の小規模経営は2億2932万戸で全体の85.7％を占めており，このなかで農地を全くもたない農家は1656万6000戸（7.2％）となっている[11]。一方，家庭農場の定義に照らして大規模経営とされる50ムー（3.3ヘクタール）以上の経営は356万6000戸に達しているが，全体に占める割合はわずか1.3％である[12]。データのとり方が異なるため単純な比較は困難だが，第2次農業センサスによれば2006年の10ムー以下および50ムー以上の層の割合はそれぞれ85.4％，0.9％となっており，2016年と比較すると大規模層の割合の上昇は確認できるも

---

11) 政府による土地収用あるいは農民の都市への移住にともない農地使用権を村に返却したケースなどが考えられる。

12) 大規模経営の定義は政策文書や資料により異なる。最新の第3次農業センサスの定義は，「販売を主目的とする農業経営者で，耕種部門では露地作物の場合1年1作地帯では経営面積100ムー以上，1年2作地帯で50ムー以上，温室の場合は25ムー以上，畜産部門では年間出荷量が豚200頭以上，肉牛20頭以上，羊100頭以上，肉用鶏・カモ1万羽以上，アヒル1000羽以上，飼養頭数が採卵鶏・カモ2000羽以上，乳牛20頭以上，林業部門では経営面積500ムー以上，水産業部門では養殖場の面積50ムー以上，サービス業は年間収入10万元以上」などとなっており，398万戸で農家戸数全体の1.9％となっている（『第三次全国農業普査主要数据公報』中国国家統計局ウェブサイト）。

のの，農家の大多数が小規模経営という構造に大きな変化はみられない。

### 1-3. 農業関連サービスの発展
#### (1) 農作業の機械化

中国政府は 1980 年代以降一貫して農作業の機械化を奨励してきた。特に 2004 年から農家への4つの直接補助金（農業機械の購入，食料作物の生産，優良種子，農業資材）が実施されており，本格的な支援が行われるようになった（宋 2008）。2004 年 11 月 1 日に施行された「中華人民共和国農業機械化促進法」では，農業機械化に関する支援内容が包括的に規定された。具体的には，中央政府による農業機械メーカーへの税制上の優遇措置，中央と地方政府による農業機械購入時の農家への補助と資金調達の優遇措置，農業機械を使った農作業請負者に対する税制上の優遇や燃料代の補助を行うこと，などが含まれる。

中国では 1990 年代中盤頃から，穀物の収穫期に合わせて移動しながら収穫作業を請負う，大型農業機械を装備した専業の請負業者が登場した[13]。例えば，筆者が山東省煙台市莱陽で継続的に実施している小規模農家へのインタビューによれば，同地域においては 1990 年代中盤以降農作業委託サービスが普及したため，2000 年代以降多くの農家がそれまで所持していた農業機械を売却した。業者は山東省内各地，河南省など外地から来る場合もあれば，地元の農家が農業機械を購入し参入している場合もある。毎年業者は固定的ではなく，変化するという。

このような請負業の発展の背景には，政策的支援がある。政府は「中華人民共和国農業法」に基づいて「広域的なコンバインによる収穫作業の管理に関する弁法」(2003 年 9 月 1 日施行，同時に 2000 年 4 月 3 日より施行していた暫定法は廃止）でその管理方法（資格，業務内容，支援内容，罰則など）

---

13) 日本語では「賃刈り屋」等と呼ばれる。2000 年代の賃刈り屋のビジネスモデルについては，江蘇省蘇州市に子会社を持つ農業機械メーカー・株式会社クボタのウェブサイトが分かりやすく紹介している。

を定めると同時に，同年11月1日に施行された「高速道路料金の管理条例」で農作業請負業者の地域間移動にかかる有料道路の料金を免除することを規定するなど，支援を行ってきた。

図2-3は，2007〜2015年の面積ベースの主要な食料作物（小麦，水稲，トウモロコシ）の作業別機械化率と総合機械化率の推移をみたものである[14]。支援政策の効果もあり，いずれの作物・作業の機械化率も大幅に上

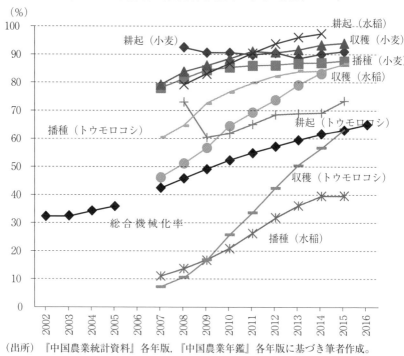

図2-3　主要作物の作業別機械化率の推移（面積ベース）

（出所）『中国農業統計資料』各年版，『中国農業年鑑』各年版に基づき筆者作成。

---

14)「機械化率」とは，農業機械による作業面積が当年の作付面積に占める比率を指す。「総合機械化率」とは，全ての作物について耕起，播種，収穫それぞれの作業の機械化率に0.4，0.3，0.3のウェイトをつけて計算したもの。農業機械化率に関するより長期の傾向は張宗毅（2015）に詳しい。

昇していることがみてとれる。小麦はもともと機械化率が高く，いずれの作業も2015年には90％前後に達している。その他は水稲の播種（36.1％），トウモロコシの収穫（63.3％）と耕起（73.4％）以外は2015年までに8割以上に達している[15]。面積ベースの総合機械化率は，2002年の32.3％から2015年には63.0％へと大幅に上昇した。2015年8月に公布された「農業の全生産工程の機械化に関する意見」では，今後農業機械で行う作業の範囲と作物の種類をさらに拡大し，2020年までに総合機械化率を全作物について68％，食料作物については80％以上にするという目標が示された（『中国農業発展報告』2016年版）。

(2) 農作業受委託サービス

1990年代に登場した作業委託業者は，当初華北平原，長江下流地帯を中心に活動していたが，既に述べた政府の支援政策の効果もあり，より広域で活動するようになり，機械化率の向上に貢献した。ところが張宗毅（2015, 214）によれば，近年このような動きに変化が起こっている。農機の急速な普及と請負業への過剰な参入に伴い，機械1台当たりの請負作業面積が減少したため，請負業者の収益は低下する傾向にある。そのため，一部の地域では業者がみずからまとまった農地を借り入れるなどして，農業機械作業だけでなく農業経営にも参入し利益を得ているという。

ここで農業機械作業の担い手の発展状況を確認したい[16]。全国の農業機

---

15) 機械化率には大きな地域格差がある。大規模農場が多く，もともと農業機械が普及していた東北地区ではほぼ100％となっているほか，地形に起伏の少ない華北平原，新疆，経済水準の高い長江流域などの機械化率も比較的高くなっている。一方，山がちな地形で1戸当たり経営面積が小さい南部・西南地区，開発が遅れ地形も急峻な黄土高原では低くなっている。
16) 『中国農業発展報告』各年版，『中国農業統計資料』各年版，『中国農業年鑑』各年版に基づく。「農業機械作業サービス組織数」は2005年まで遡及可能だが，2005年から2008年にかけての27万4000組織から16万6000組織に減少し，その後も2014年まで増加と減少を繰り返すなどデータの連続性に疑問がもたれる。

械を所有する農家数は，2008年の3833万戸から2012年には4238万7000戸へと10％以上増加している。2014年の農業機械作業サービス組織数は，17万5000組織である。このうち農業機械専業合作社は順調に増加しており，統計で確認できる範囲では2010年の2万2000組織から2015年には5万7000組織となっている[17]。

上記のような委託サービスの発展は，機械化率の向上に大きく貢献した。作業委託によって耕作されている農地面積は2017年に2億3200万ムーに達している[18]。これは，2016年末の農産物作付面積24億9975万ムー（『中国統計年鑑』2017年版）の9.3％に相当する。作業委託にも各地で様々な類型があり，兼業化や都市化の程度など，地域の条件に応じて多様な作業委託およびそれを前提とした農業経営の形態が生まれ，並存している[19]。

## 第2節 農業政策の流れと新しい農業経営主体の発展状況

### 2-1. 農業政策の流れ
#### （1）農業インテグレーションの推進政策

農業産業化政策は，1990年代半ばに山東省などの沿岸地域で品質管理の強化を目的として始まった農業インテグレーションが原型となり，やがて全国で普及した。池上・寳劔（2009, 13）の定義によれば，農業産業化とは「アグリビジネスの主たる担い手である龍頭企業が中心となり，契約農業や産地化を通じて農民や関連組織（村民委員会，専業合作社，仲買人など）を結び

---

17) 山田（2017a）で山東省諸城市の農業機械合作社の事例について詳しく紹介している。
18)「農業生産託管——新時代現代農業発展新動能」『農民日報』2017年11月27日。
19) 注18)の記事によれば，代表的なものとしては山東省の「土地託管」，湖北省の「代耕代種」，江蘇省の「聯耕聯種」，四川省の「農業共営制」などがある。出稼ぎ農民の送り出し元である四川省成都近郊の農作業委託を前提とした専業合作社による大規模経営については，山田（2017b）に詳しい。

つけることで，生産，加工，流通の有機的な結合を形成し，農産物の市場競争力の強化と農業利益の最大化を図ると同時に，農村の振興と農民の経済的厚生向上を実現する」政策である。認定を受けた龍頭企業は，税制上の優遇，補助金などの政策措置を受けることが可能となっている。

中国は国土が広大で農業生産条件や市場環境も多様であることから，インテグレーションの組織形態も単一ではなく，龍頭企業と取引を行う主体が幅広く想定されていることも特徴である。農業産業化の組織形態は多様であるが，「企業＋中間組織（専業合作社など）＋農家」，「企業＋大規模専業農家」，「企業＋流通業者＋農家」など多くの類型が存在する。ただし，これらの経営類型の内訳の捕捉は困難であり，筆者の知る限り具体的な情報は公表されていない。

農業産業化政策は産業振興政策であると同時に，農村・都市間の所得格差問題を背景とした一種の農村開発政策でもある。農業産業化政策の特徴は農業発展を通して参加農家の経済的厚生の向上を目指し，企業との利益・リスク分担を重視する点にあり，その点でアグリビジネスによる農業利益の最大化を目的とする一般的な農業インテグレーションと異なっている。また，市場制度が未整備であるために農村地域で十分に供給されていない公共サービスを，多様な経済主体の参加によって供給するという社会政策的な側面も持っている（山田 2013）。

農業産業化政策の初期段階では，企業と個別農家が直接，あるいは仲買人を通じて農産物を売買する取引形態が主流であった。しかし，農産物の集荷や農地の集積，農家の選定にかかる探索コスト，監視コストなどの取引費用の節約，消費者の需要に合わせた品種の統一，品質のコントロール，そのための技術指導や生産投入財の提供の必要性などから，個々の農家との取引よりも生産者組織や大規模農家との取引を好む企業が増えた。他方，生産者側は生産技術や市場情報へのアクセスも限られていたことから，1980年代から技術協会等の組織が一部の地域で見られた（傅 2006）。市場経済化が進んだ1990年代に入ってからは，個別農家の交渉力を高め，企業との契約の仲

介を行う生産者組織が必要となり，各地で多数設立されるようになった。

　このような企業と生産者双方の要請を背景として2007年に「農民専業合作社法」が施行され，それまであいまいであった生産者組織に専業合作社として法的地位が付与され，事業内容や支援政策の規範化がすすめられた。専業合作社は，農業生産者のための農業生産に関わるサービスの提供，土地の集積，生産物の共同販売などを行う協同組合組織である。民政部[20]に正式に登録された専業合作社は，税制上の優遇，補助金などの政策措置を受けることができる。

　習近平政権期も農業産業化の流れは引き継ぎつつ，農業の現代化と農業経営モデルの転換が強調され，以前より一層具体的な担い手像が意識されるようになった。2013年の中央一号文件「現代農業の発展の加速と農村発展の活性化に関する若干の意見」では，従来から推奨されていた専業合作社や大規模専業農家に加えて「家庭農場」という新たな担い手像が提示され，これらの新しい担い手への農地使用権の集積の支援が明記された。農業部によれば，「家庭農場」とは「家族労働力による大規模で集約的な商業的経営を行い，農業を主な収入源とする農業経営体」を指す[21]。

　2015年以降の中央一号文件でも新しい担い手の育成が謳われているが，経営規模の拡大にあたっては農民への利益分配の公平性にも配慮した制度作りが求められるようになった。農村の土地の集団所有制を維持しつつ，農地使用権の移転は賃貸借からより農民の利益を考慮した株式合作制（表2-1

---

20) 中国の最高行政機関である国務院に属する行政機関の１つで，社会や行政事務を担当する。日本の総務省に相当。
21) 農業部による家庭農場の条件は，「経営主が農村戸籍保有者であり，家族労働力を主とし，農業を主な収入源とすること。一定以上の規模で安定的な経営を行っていること。すなわち，①食料作物：1年2作地帯では経営農地面積が50ムー以上，単作地帯では100ムー以上，かつ農地の借入契約期間が5年以上であること，②経済作物・畜産：県レベル以上の農業部門の定める規模以上であること」である（農業部ウェブサイト）。家庭農場は新しい政策上の概念でありまだ不明な点も多いが，その実態および経営の特徴についてはさしあたり『中国家庭農場発展報告2015年』を参照されたい。

参照)へ,多元的なモデルで多様な参加主体が共存する健全な発展を目指す,としている。また,非農家の農業への参入を奨励していることも特徴である[22]。

### (2) 農地政策

生産請負制の導入後,農村の土地は村による集団所有のまま,村ごとに農地使用権のみが農家に分配された。以後一貫して農地使用権の移転は容認されていたが,当時の農民の農地使用権は脆弱かつ不安定であり,また社会保障制度が未整備な農村地域では農地が唯一の資産という考えが根強いことから,1990年代まで農地使用権の取引は緩慢であった[23]。そこで中国政府は,農地使用権の流動化を促すため2000年代以降農地使用権の一層の強化,農地の賃貸借市場の整備と手続きの規範化,同時に農地保護のための転用規制を進めてきた。具体的には,2003年3月に「中華人民共和国農村土地請負法」が施行され,農地使用権の強化・安定化がはかられた[24]。2008年の中共中央「農村改革の若干の重要な問題に関する決定」では,集団所有制度を維持すること,非農業用途に変更しないこと,流動化は農民の自由意志に基づいて有償で行うこと,農家の利益を侵害しないことなどを前提として,農地流動化と大規模経営の育成を推進することが明記された。この流れを受け,各地で地方政府が「土地流動化サービスセンター」と呼ばれる農地の流動化を

---

22) 張紅宇「充分発揮規模経営在現代農業中的引導作用」『農民日報』2016年2月17日。
23) 当初農家の農地使用権は「民法通則」の規定を受けた「土地管理法」(1988年)で明文化されていたものの,詳細な関連規定を欠いていた(小田 2004)。加えて中国独特の土地所有制度に起因する問題として,人口変動に応じて定期的に村ごとに行われる農地の割替がある。これにより一層農地の細分化が進行し,農家の土地に対する権利の不安定化や生産性の低下をまねいたとの実証研究もある(姚 2000;Kimura et al. 2011)。
24) 1980年代中盤頃に各地で行われた第1回の農地請負時の農地請負期間は15年とされ,多くの地域でその期限に達する1998年頃に第2回請負が行われ請負期間は30年に延長された。

支援する組織を設立した[25]。

習政権期においても基本的にこの流れは踏襲され，2013年の中央一号文件では，5年以内に全国の農地使用権の登記手続きを完成させることを明言している。この登記により，農地使用権が一種の物権として法的に認められることとなる。翌2014年12月30日の国務院による「農村の財産権取引市場の健全な発展に向けた指導に関する意見」は，集団所有制のもと農地使用権の移転は合法的に行うこと，従来認められてこなかった担保・抵当権に関する試験区を全国各地に設立し，全国共通の制度作りを検討するよう求めている[26]。

### 2-2. 新しい農業経営主体――農民専業合作社の発展状況――

2015年末時点の農業産業化の発展状況は以下のとおりである（『中国農業統計資料』2016年版）。農業産業化の関連組織（龍頭企業，仲介組織，専業市場の総称）の総数は38万6000組織，このうち龍頭企業は12万9000社である。農業産業化の受益農家は1億2600万戸，参加により1戸当たり年間3380元の所得を得ている。これは，同年の農民の1人当たり平均純収入1万1422元の29.6％に相当する。また，農業産業化の受益農民のうち45％は，農業産業化組織との契約農業に参加している。

図2-4は，農民専業合作社法が施行された2007年以降の専業合作社の組織数と参加しているメンバー数の推移を，登録ベースで示したものである。組織数は2007年から2016年末までに約2万6000組織から約179万組織へと大幅に増加している。組織数の増加にしたがい，参加農家も2015年には農家戸数の42％に相当する1億90万戸に達している。ただし，登録されて

---

25) 筆者が2009年12月18日に山東省青島膠州市膠北鎮の土地流動化サービスセンターで行った調査によれば，センターでは地域の農地賃貸借に関する情報の収集と提供，地代の査定，借り手と貸し手のマッチング，賃貸契約書の作成支援，不履行時の仲裁などを行っている。

26)「中国農業銀行農村土地承包経営権抵押貸款管理弁法（試行）」など，関連法規の整備も進められている。

図2-4 農民専業合作社の組織数と参加農家数の推移

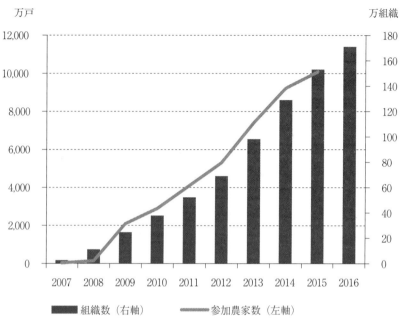

(出所) 『中国農業発展報告』各年版。2016年の組織数の数値のみ「第三次全国農業普査主要数据公報」国家統計局ウェブサイト。

いても経営実態のない組織も多いといわれる（賽劍 2009, 212）。

ただし，専業合作社の会員数については情報源により違いがあることに注意が必要である。『中国農村経営管理統計年鑑（2015年）』では，2015年の専業合作社の会員は5993万1674（団体会員も含む），非会員だが専業合作社の受益者となっている農家数は6743万6766戸となっている。このような資料による違いは，農民専業合作社のなかには，会員・非会員の区別があいまいであったり，会員のなかに正会員，准会員などのランクを設けていたりする組織が存在するという実態を反映しているとみられる。一般的に正会員は大口出資者で経営者層，准会員は農地や労働力を合作社に提供している者を指すことが多い（黄・伏 2014）。それ以外に，技術指導や農産物の買い取り，農作業委託などのサービスのみを受けている受益農家もおり，こうした

農家は通常非会員に分類される。

同資料によれば，会員の属性による内訳は一般農家86.7％，専業大規模農家・家庭農場3.4％，企業0.5％，その他団体0.4％となっている[27]。専業合作社法によれば，会員の80％以上を農民とすること，団体会員は5％以下とすること，議決権は1人あるいは団体につき1票（大口出資者には付加議決権を付与することも可能）等が規定されている。設立主体は農産物・生産資材の流通商人，技術者，村幹部，大規模農家，旧政府系流通部門など幅広い。農民の提供する農地を株式換算し，それに基づいて配当を支払う株式合作制（表2-1の「入股」）を導入している専業合作社は8万5222社で，全体のわずか6.4％である。

続いて，農民専業合作社の業務内容についてみていきたい。図2-5は，2015年の業務内容の内訳を「主なサービスの内容」と「主な事業内容」についてみたものである。なお，いずれも各専業合作社のなかで最も重要なサービスあるいは事業内容を1つ選んで回答しているため，複数のサービスあるいは事業を行っている専業合作社も存在する。また，その組み合わせは流動

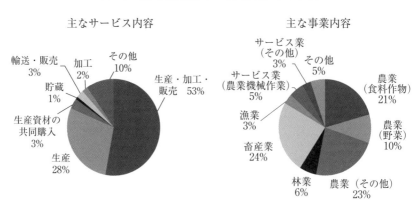

図2-5 農民専業合作社の業務内容（2015年）

（出所）『中国農村経営管理統計年鑑（2015年）』。

---

27) 合計が100％とならないが，理由は不明。

的である点を断っておく。

　図2-5の左に示した「主なサービス内容」のうち,「生産・加工・販売」(53%),「生産」(28%)を合わせると全体に占める比率は8割強に達している。このように,大部分の専業合作社は直接農業生産に関わっている。続いて右の「主な事業内容」を見ると,最も多いのは生産活動で,農業(54%),林業(6%),畜産業(24%),漁業(3%)を合わせると87%を占めており,ほとんどの専業合作社が何らかの形で農業経営にかかわっていることがわかる。農機作業受託を含むサービス業を主な業務内容としている専業合作社は,全体の8%である。

## 第3節　事例研究
### ———北方畑作地帯の専業合作社による大規模経営———

#### 3-1. 調査地の概要

　調査対象地域は,華北平原の東部に位置する華北の典型的な畑作地帯,河北省邯鄲市である。同市は北京市に隣接する河北省の最南部に位置し,省内でも特に農業が盛んなことで知られる。気候は冷涼で乾燥しており,伝統的に小麦とトウモロコシの二毛作が行われている。北京市内から高速鉄道で2時間程度の距離にあり,2015年の常住人口は943万3000人である。調査は2015年5～8月に2回にわたり,邯鄲市肥郷県(後述の①,③),曲周県(②)の専業合作社の理事長に対し,1対1の中国語によるインタビュー形式で行った。調査対象は農業部と現地政府のカウンターパートを通じて紹介された専業合作社であり,いずれも経営状態が比較的良好で,一部は中央・地方政府のモデル農業認定を受けるなど優良な事例である。なお,肥郷県は2016年10月に肥郷区に昇格した。

　具体的な分析に先立ち,2015年の河北省および邯鄲市の農業・農村経済の概況を整理したい。以下の記述は,特に断りがない限り『河北農村統計年鑑』2016年版に基づいている。まず,河北省の状況は以下のとおりである。

GDP の産業別構成比率は 10.9％，47.6％，41.5％となっており，全国平均の 8.8％，40.9％，50.2％と比べると第 1 次産業比率が高めになっている。就業構造をみると，就業者人口 4212 万 5000 人のうち第 1 次産業従事者は 32.9％で，全国平均の 28.3％よりやや高い。農民 1 人当たり可処分所得は全国平均をやや下回る 1 万 1051 元で，全国 31 省・自治区中 14 位である。続いて農業をみると，農産物作付面積は 873 万 9800 ヘクタール，作物ごとの面積の内訳は食料作物 73.1％，野菜・ウリ類 15.5％，油料作物 5.3％，綿花 4.1％などとなっている。以前は綿花栽培が盛んでピーク時の 1990 年頃は 10％前後を占めていたが，やがて価格低下に伴い縮小し，代わりに収益性の高い野菜・ウリ類の生産が拡大してきている。現地で入手した資料によれば，2014 年時点の河北省の専業合作社への農家加入率は 22.0％と低い（第 2 節で述べたとおり 2015 年の全国平均は 42.0％）。

邯鄲市の 2015 年の食料作物の作付面積は 1160 万 1000 ムー，収穫量は 573 万 5000 トン，野菜の作付面積は 291 万 5000 ムー，家禽や肉用羊の飼養数がいずれも全省内の市で第 1 位となっている。邯鄲市の農業産業化の進展状況をみると，龍頭企業は 468 社（うち国家レベル 6 社，省レベル 62 社）あり，農業産業化の関連組織と取引を行っている農業経営は省平均を上回る 66.2％に達している。農業機械化も順調に進展しており，総合機械化率は 75％，農業機械サービスの専業合作社は 218 社，作業請負を行う農家は 21 万戸，請負面積は 349 万ムーとなっている。

最後に，調査地である邯鄲市肥郷県独自の農地流動化政策に触れておきたい。現地調査で収集した資料によれば，肥郷県では大規模経営への支援政策を実施しており，1000 ムー以上の大規模経営には食料作物と綿花の作付に対し 1 ムー当たりそれぞれ 200 元と 160 元の直接補助金を農家に支給しているほか，農地の団地化のための区画整備への補助金もある[28]。こうした奨

---

28) こうした補助金が耕作者と農地使用権の所有者のどちらに支払われるかは，地域によって異なるという調査結果もある（張紅宇 2015）。補助金の受け取り手が本来の農地使用権の所有者となる場合，借り手は大きな地代負担を強いられることになるだろう。

励制度が奏功し，2014年の県の農地流動化率は28.3%（前年より9.2%増）と同年の全省平均の17.0%を大きく上回っている。また，農地の団地化も進み，流動化した農地のうち1圃場当たり100ムー以上のものが83.9%，1000ムー以上が45.2%となっている（いずれも面積ベース）。

農作業の委託サービスも発展しており，2017年には県内の受託組織は21組織設立されている（うち専業合作社が10社，企業が4社）。農地の賃貸借を通じた大規模経営あるいは作業委託によって管理されている農地面積は12万6000ムーで，全農地面積の21.7%を占める（肥郷区人民政府ウェブサイト）。以下で取り上げる事例は，いずれもこれに含まれる。

### 3-2. 調査した専業合作社の概要
#### (1) 農民専業合作社による大規模経営の類型

調査した専業合作社のなかには，集積された農地をまとめて借り受けて直接経営を行うものや，小規模農家に農業生産サービスを提供しているものなど，多様な経営がみられた。そこで，各事例の位置づけを整理するため，曹・苑（2015）を参考に農業経営のなかで専業合作社の果たしている役割に注目し，専業合作社による農業経営をA「直営型」，B「サービス提供型」，C「仲介型」，D「企業との共同出資型」の4つに分類した（表2-2）。比較対象として，伝統的な小農経営も示した。

A「直営型」は，専業合作社がまとまった農地を借りて直接農業経営を行うタイプである。専業合作社のメンバーは現金出資者と農地の提供者などから構成され，経営は専業合作社が統一的に行う。農地を提供した農家は地代を受け取るほか，労働者として優先的に雇用されることが多い。

B「サービス提供型」は，個別農家の経営の独立性は維持したまま，専業合作社が生産から販売にいたるサービスを提供する。農家はサービス料を支払う代わりに，機械耕作や生産資材の共同購入，共同販売サービスを受けることができる。経営は農家自身が行うため，コストやリスクは農家負担となる。農業機械の作業委託サービスを提供する専業合作社もこれに含まれる。

C「仲介型」は，農地の所有者である村が母体となって専業合作社を設立し，農家に分配した農地使用権を回収後，集積して企業や大規模専業農家などの第三者に貸し出すタイプである。第1節で紹介した「反租倒包」に相当する。専業合作社は直接農業経営を行わず，地代負担や経営リスクは全て借り手の負担となる。この方式は，借り手が収奪的な土地利用をするリスクがある。

　最後に，D「企業との共同出資型」では，農家が農地使用権や労働力，企業（非農業企業のケースも）が資金，技術，設備等を出資して専業合作社を設立し，共同経営を行うタイプである。農家に支払われる地代は市場価格に応じて数年毎に調整されることが多い。外部の投資者の経営リスク，地元政府の介入による利益独占などのリスクがある。

　なお，AからDの各類型による専業合作社数の内訳は不明である。農地を提供する農家の立場から，Aは農地の賃貸借（「流転」），Bは作業委託（「託管」）と呼ばれることも多い。

表2-2　専業合作社による大規模農業経営の類型

| 類型 | 経営主体 | 専業合作社の役割 | 農家の役割 | 地代の負担者 | 経営リスクの負担者 | 利益分配の方法 |
|---|---|---|---|---|---|---|
| A 直営型 | 専業合作社 | 経営主体 | 土地，労働力の提供 | 専業合作社 | 専業合作社 | 固定地代／株式合作制，給与 |
| B サービス提供型 | 農家 | サービスの提供 | 経営主体 | 自家地代 | 農家 | 全て農家が得る |
| C 仲介型 | 借り手（大規模農家，企業など） | 仲介 | 土地，労働力の提供 | 借り手 | 借り手 | 固定地代／株式合作制，給与 |
| D 企業との共同出資型 | 企業，専業合作社 | 経営主体 | 土地，労働力の提供 | 企業，専業合作社 | 企業，専業合作社 | 固定地代／株式合作制，給与 |
| （参考）伝統的な小農経営 | 農家 | — | 経営主体 | 自家地代 | 農家 | 全て農家が得る |

（出所）曹・苑（2015）を参考に筆者作成。

(2) 経営の概要

　調査した専業合作社から各類型の特徴を明確に有するものを3社選び，設

立の経緯（設立主体の属性，目的），経営内容，メンバーシップや意思決定の仕組みの概要を示す。以下の内容は，理事長からのヒアリングおよび提供資料に基づく。専業合作社名の後のかっこ内の大文字アルファベットは，表2-2 の「類型」に対応している。

① 南元寨土地流転専業合作社（A，B）

南元寨土地流転専業合作社は，食料作物 1400 ムー，野菜やスイカ（露地 370 ムー，温室 30 ムー）の生産と販売を行うほか，農作業委託や農業技術指導サービスを提供している。2012 年以降は鶏やアヒルの飼育も行い，循環型農業を実践している。地域農業の振興や農家の所得向上への貢献などが認められ，理事長の MXM 氏は 2012 年に農業部から「全国種糧大戸」（全国レベルの食料作物の大規模モデル農家），2013 年に邯鄲市政府，2014 年には河北省政府から「労働模範」（模範的な労働者）の称号を与えられた。

同社の発展の経緯をみていきたい。1968 年生まれの MXM 氏は地元出身の農民で，中学卒業の学歴である。食料作物の仲買人の経歴を持ち，2007 年から 107 ムーの農地を借りて大規模農業経営を行っていた。周辺地域では分散錯圃のため食料作物の収益性が低く，耕作放棄などの問題が発生しており，農地の委託管理を希望する農家が多かった。このような要望を受け，MXM 氏は 2010 年に専業合作社を設立し，出身村および同じ郷鎮の周辺 5 村の農家 180 戸から，3 回に分けて合計 1800 ムーの農地を借り，区画整理を行った。農地を借りる際は，グループでまとまった農地を長い契約期間で提供する農家により高い地代を提示するなど，作業効率を高めるため農地の団地化に努めた[29]。農家が受け取る地代は条件により異なるが，おおむね 1 ムー当たり 800～1000 元となっており，これは農家間の相対取引による一

---

29) 条件ごとに定められた，専業合作社が農地 1 ムーにつき支払う年地代は以下のとおりである。10 ムー以上のまとまった農地については，契約期間が 10 年の場合は 1000 元，10 年未満の場合は土地の条件や肥沃度におうじて 500～800 元，10 ムー未満の場合は 300～500 元である。

般的な地代 800 元を上回る。

　同社には 2 種類の農地の管理形態がある。1500 ムーは農家から農地を賃借し，専業合作社が経営に関するすべての意思決定を行う方式（表 2-2 の A）である。もう 1 つは，農家が自作地の農作業の一部または全部を専業合作社に委託している 300 ムー（B）である。後者の面積は毎年変動が大きく，例えば 2015 年は都市部の就業機会がひっ迫したため地元に帰る農民が増え，減少したという。専業合作社からみれば，農産物の市況にもよるが A は収益性が高く，B は収益性が低い反面リスクは小さい。専業合作社への農地の貸出を希望する農家は多く，管理しきれない一部の農地を大型専業農家に下請けに出している。

　組織のメンバーシップや意思決定の仕組みは以下の通りである。同社では出資額等に応じて正会員と準会員の区分を設けており，2015 年時点の会員数はそれぞれ 40 名，220 名である。前者は現金あるいは農地による大口出資者あるいは専業合作社との取引量の多い生産者で，後者は小面積の農地を出資あるいは 100 元の会費を支払って各農作業の委託料や農業資材の割引を受けている会員である[30]。後者は設立当初の 61 人から，3 倍以上に増えた。入退社は自由であるが，グループで農地を出資した場合は，農地がひとまとまりであるかどうかが他の会員の地代にも影響するため，それが退出を防ぐ無言の圧力になっているという。これまでに少数ながら会員が農地の返却を求めるケースが存在したが，その場合は退出後も農地が連坦となるよう同一面積の異なる土地片を返却する（表 2-1 の「互換」）などして調整した。出資額が最大の会員は理事長で，資産総額 600 万元のうち 400 万元は理事長個人の出資である。

　日常的な経営上の意思決定は理事会で行う。理事会は 4 名の理事（正会員）

---

30) 会員は 1 ムーごとに，耕起作業と小麦・トウモロコシの収穫作業は 10 元，小麦・トウモロコシの播種は 20％，種子や農薬の購入価格は 20％，化学肥料は 1 袋 10 元の割引を受けることができる。このほか，無料で灌漑水路の補修サービスを受けることができる。

で構成され，毎月1回開催されている。全体大会は年2回開催され，決議には1人1票の投票権が認められているが，理事長はこの制度は大口出資者の参加のインセンティブを低下させる恐れがあると考えている。実際のところ準会員はあまり意思決定に積極的に参加せず，経営上の重要な議事はほぼ理事長が決定するという。

　理事長は経営上の問題点として，灌漑施設の未整備，交通の便が悪い点，そして村民委員会が専業合作社に対し偏見を持っており，政府の補助金の申請を許可しないなど妨害を行っている点を挙げている。そのため，これまで水利施設への政府の補助金を受けたことはあるが，井戸や道路の整備などはほぼすべて自己資金で行ってきた。とはいえ，全体として専業合作社の経営状態は良好と評価しており，とりわけ食料作物の収入が安定しているので，今後は加工も行いたいと考えている。

　②　東劉庄棉花種植専業合作社（C）

　東劉庄棉花種植専業合作社の特徴は，メンバーおよび経営農地の範囲が完全に行政村と一致しており，村リーダーの強力なイニシアティブのもと農地が統一的に管理・運用されている点である。筆者が各地の専業合作社を調査した実感として，本事例のように村党支部と一体化したタイプの専業合作社の比率はそれほど高くないものの，各地に一定数存在する。このような専業合作社が設立される背景と目的について，若干補足したい。中国の行政村には最末端の住民自治組織である村民委員会と，事実上行政の出先機関である共産党の末端支部という2つの組織がおかれている。村は政策の実施や村民への公共サービスの提供，地域の経済振興などについて責任を負うことになっているが，その役割については国内でも議論が続いている。こうした事例は，村主導の農業開発モデルの提示というプロパガンダ的な色彩も強いと考えられる。

　さて，本事例の専業合作社設立の目的は，現代的な農業技術の導入により収益性の高い農業に転換することと，農民の非農就業の促進による収入の増

加である。他の多くの地域同様，本村でも1980年代に生産請負制を導入したが，農家間で平等を期するために農地を肥沃度などの指標によりいくつかの等級に分けたうえ頭割りで分配した結果，1戸当たり7，8カ所に分散している。このような分散錯圃が，機械化や現代的な技術を用いた農業への転換の阻害要因となっていた。

設立の経緯をみていこう。東劉庄村のHZL主任は1961年生まれで，学校教育を受けた経験はない。村民委員会の主任に就任する以前は，運送業に携わっていた。地元政府からの提案もあり2010年に専業合作社を設立し，2011年の秋から村の全ての農地使用権を村民から回収するため交渉を開始した。当時一部の農民から反発があったが，契約期間を長くとること（2028年まで），本来の農地使用権の所有範囲を示す境界線を引くことで半年後にようやく合意にこぎつけ，全村民428人（108戸）の農地1020ムーすべてを借り上げた。

集約された農地は，以下のようにすべて外部に貸し出されている。620ムーは国や市の野菜や綿花などの試験農場となり，いずれも政府系の研究機関や大学などの技術支援のもと運営されている。残りの400ムーは，地元の民間企業の苗木温室として利用されている。本村の農民はこれらの農場で優先的に雇用される。会員の種別はなく，本村に戸籍を持つすべての農民が会員となり，同等の待遇を受ける。現金での出資はなく，農地の出資のみによる参加である。

農民への利益分配は，農地1ムー当たり最低保障地代として毎年12月に市場価格の小麦425キロに相当する金額（2014年は1キロ2.6元前後）に加え，専業合作社の収益から出資面積に応じて配当を支払うこととなっている。実際に2014年にはこの条件どおり地代として合計1064元が支払われている（配当については不明）。地元の農家間で農地を貸借する場合の地代は800元以下であるため，調査時点では退出者は出ていないという。

ここで，平均的な世帯（構成員4人，経営農地面積5ムー）の所得を簡単に試算し，専業合作社への参加による所得への影響を検討してみたい。個別

に農業経営を行っている場合，伝統的な食料作物の生産による農業所得は年間3000元程度で，これに加えて世帯内の若年層が都市部での出稼ぎによって非農業収入を得ている。専業合作社に全ての農地を貸し出した場合，本来の農業所得を手放す代わりに，専業合作社からの6000元の地代収入，元農業基幹労働力である中高年層が専業合作社で就業することにより1人当たり給与所得1万2000元，都市部で通年就業している若年層が農繁期に帰郷する必要がなくなることから2カ月分（1人当たり6000元程度）の給与所得が追加的に得られるという。

専業合作社と行政村が一体化していることから，村の財政の改善にも貢献している。専業合作社の収入から村民へ分配する地代を差し引いたもののうち，6割は村内の道路の舗装や街灯，レクリエーション施設など村の公共インフラ整備に，残りは職員の人件費や専業合作社のリスク基金など内部留保に充てられている。村は若年層の非農業就業を推進するとともに，都市部での就業が困難な中高年層を村内の農場で優先的に雇用したり，村内の清掃など雇用機会を提供している。専業合作社設立後は通年非農業に従事する農民が増え，調査時点では村の人口の4分の1に相当する100人以上が村を離れ，6戸が地元の県政府所在地で起業したという。理事長は現時点での経営状態には満足しており，今後は灌漑設備や道路の整備の資金獲得のため，政府のプロジェクトに応募する予定である。

③ 肥郷県康源蔬菜専業合作社（B，D）

康源蔬菜専業合作社は，邯鄲市の康源種植有限公司（以下，「公司」）が2011年に設立した。公司は2010年に設立されたアグリビジネスで，資本金1500万元，経営農地面積は5300ムー，主に露地・ハウスの野菜や果物の生産と販売を行っている。高級技術指導員5名，技術指導員12名，職員320名が所属し，2012年7月にはトマト，キュウリ，ブロッコリーなど7品目で，農業部が定めた食品安全認証である緑色食品の認証を取得した。自社の野菜ブランドを立ち上げ，地元の鉄鋼グループ企業の協力のもと，傘下のホテル

や飲食店，スーパー，学校に野菜を提供したり，市内にアンテナショップを開くなどして宣伝活動を行っている。

　公司は2012年に邯鄲市政府から優良龍頭企業の認定，2013年に河北省政府から農産物の品質管理の優良モデル企業の認定を受けているほか，河北省農業大学の研修所および北京農林科学院の試験農場にも指定されている。公司のもつ技術，経営ノウハウ，資金，販売力という経営資源を生かし，本専業合作社以外にも2つの専業合作社を設立している。本専業合作社も，2012年に市のモデル合作社の認定を受けた。

　専業合作社理事長のMGP氏は1967年生まれで都市部出身，大卒の学歴を持つ。公司に勤務する以前は，建設会社に勤務していた。専業合作社は，4つの村民委員会の農地2000ムーで主にブロッコリーなどの野菜の契約生産を行っている。契約農家は専業合作社から無償で技術指導を受けられるほか，1ムー当たり50キロの有機肥料，種苗代金の補助50元，企業の指定する種類の種苗の供与を受けられる。きめ細かな生産管理を行うために公司は農場を5つのブロックに分け，技術指導員を1人ずつ派遣している。農産物は企業の求める基準を満たせば，最低保障価格以上の価格で全量買い取る。

　調査時点の会員数は，合計202人である。会員の種別は特に設けていないが，出資方法および利益分配において少数の大口現金出資者と農地を出資した地元農民の2種類に明確に区別されている。前者は設立当初に現金を出資した理事長および農産物流通企業の職員など数名の発起人であり，その中で上位5名が合計250万元を出資している。現金出資者に対しては，出資額に応じて配当が支払われている。一方，農地の提供者に対しては10年契約で固定地代1000元が支払われている。まだ退出者は出ていないが，一部の農民から地代の値上げ要求がある。

　意思決定機関として理事会と会員大会が設けられており，前者は月1回，後者は年2回開催される。理事会は5名で構成され，専門資格を持つ経理を招聘している。

　理事長は現時点での経営状態は良好であると評価している。農地を提供し

ている地元の村との関係も安定しており，農業部，水利部，科学技術部など政府の各部門からは灌漑施設やハウス建設，技術開発のための補助を年間約200万元受けている。今後は野菜の加工施設や貯蔵施設のほか，観光農園の建設を計画している。

3-3. 経営の特徴と存立条件

以上の3事例の特徴をまとめたい。事例の専業合作社はいずれも経営面積の大規模化をはかっているが，組織化の主体の性格により設立の目的が異なっている。設立の目的は，①は地元出身の大規模農家で労働模範，②は村リーダーなので地域農業の発展や地域住民の所得向上など，公益的な組織目標を持っており，それが経営内容にも反映されている。これに対し，企業傘下である③の目的は，まとまった農地と労働力の確保と，アグリビジネスへの安定的な原料確保である。経営主体の変化と経営規模の拡大によって，伝統的な食料作物から野菜や果物などの商品作物への転換，農地の集積と外部

表2-3　調査合作社の収益性と組織ガバナンス

| 番号 | 作物 | 利潤（元／ムー） | 粗収入（元／ムー） | 入退社の自由度 | メンバーシップ | 参加農家への利益分配 | 専業合作社のリスク負担度 |
|---|---|---|---|---|---|---|---|
| ① | 食料作物，野菜，スイカ | 488.9 | 2,222.2 | 高い | 正会員，準会員の区別あり | 固定地代（800～1,000元）＋サービス料の割引＋雇用 | 高い |
| ② | （賃貸借） | 1,314.0 | 1,375.0 | 低い | 会員区分なし | 固定地代（1,064元）＋配当＋公共サービス＋雇用 | 低い |
| ③ | 野菜，果物 | 1,467.1 | 7,314.8 | やや高い | 現金出資者と農地出資者の区別あり | 固定地代（1,000元）＋契約生産による利益 | 低い |

参考（河北省平均，2015年）

| 小麦 | | 35.6 | 1,086.2 | | | | |
|---|---|---|---|---|---|---|---|
| トウモロコシ | | -55.1 | 928.1 | | | | |

（出所）調査結果および『全国農産品成本収益資料匯編』2016年版より筆者作成。

への賃貸，契約生産の導入などが行われ，小農経営と比較すると経営内容は大きく変わった。

つづいて調査事例の収益性と組織ガバナンスを見ていきたい。表2-3は，調査対象の専業合作社の経営内容を，収益性，メンバーシップ，利益分配の方法，リスク分担についてまとめたものである。比較のために，調査地で一般的な農家が生産している小麦とトウモロコシの1ムー当たり純収入を併せて示した。

事例の収益性の変化を確認しよう。省平均のデータが示すように，経営の転換前に行われていたと想定される小麦・トウモロコシ二毛作経営では利潤がマイナスとなっており，農家が耕作を継続するインセンティブはない。事例の専業合作社では，いずれも省平均に比べて1ムー当たり利潤が大幅に増加していることがわかる。①，③で粗収入と利潤との差額であるコストが高いのは，地代や施設，生産資材などを多く投入する商業的な経営が行われているためである。とりわけ③が取り組んでいる緑色食品の生産は，高付加価値の反面コストが高い。

興味深いのは，組織化主体の性格により組織目標や利用可能な経営資源が異なり，その結果として経営形態に違いがみられたという点である。事例では，設立の目的は農地の分散を解消し生産性を向上させる（①）という外部性のコントロール，地域住民の所得を高める（②）という公益性，流通業者や企業が加工原料を安定的に供給するための農地と労働力の確保（③）など，大きく異なる。調達できる資源にも違いがある。例えば①と②のリーダーにとっては，農地や労働力をもつ周辺農家の参加を得ることは比較的容易だが，資金調達や販売面で困難を抱えている場合が多い。一方，③の上部組織である企業は資金調達や技術，販売，経営ノウハウといった面では強みを持つが，農地の取得には一定の障壁がある。このような問題を解決するため，事例では地域の様々な経済主体を巻き込んで専業合作社を設立している。川上と川下のどちらがインテグレーションの起点であるかによって抱えている経営上の問題が異なっているのである。

組織の内部ガバナンスについては，メンバーシップは①と③では明確に区別されている。入退社の自由度は，低いものから半強制参加の②，10年の農地貸借契約を締結している③，農家が自主的に農地を委託している①，という順番になっている。利益分配の方法は，組織目標の公共性が高い①と②では，農地を出資する一般農家に対して地代以外に専業合作社の利益とリンクする様々な利益還元の仕組みやサービスを設けているのに対し，③では基本的に固定地代と契約に基づく農産物の買い取りという条件のみを提示しており，専業合作社の利益と切り離されている。専業合作社のリスクに対する態度も，農地を集積し直営化している①で最も負担が大きい。②は農業経営上のリスクを借り手に負担させているという意味で小さいが，借り手の契約不履行などの事態が発生する可能性があり，その場合は村が責任を負うことになるだろう。③は，直営農場にせず小規模農家の経営を維持したまま契約生産を行っていることから，専業合作社が負担するリスクは比較的小さい。

　最後に，事例の存立条件を考えてみたい。このような企業的な大規模農業経営モデルが存続するためには，当然のことながら農地，労働力，資本などの生産要素が確保され，組み合わされることによって十分な利潤が継続的に得られなければならない。具体的にみていくと，①は3事例の中で収益性が最も低い。その原因として，大規模農家であるリーダーには生産技術や販売面の強みはあるものの，周囲の農家から労働制約を超える面積の農地の管理を委託されているという事情により，収益性は低いが管理に手間のかからない食料作物の生産面積を増やさざるを得ないことが考えられる。同社では収益性の高い直営とサービス提供型の2種類の管理方法を組み合わせており，収益性とリスクのバランスをとることで経営を存続させている。次に②のリーダーは経営のノウハウがないため，集積した農地を自ら経営せず，事実上外部に農地を貸し出す仲介機能と，利益の分配機能を果たしているに過ぎない。とはいえ，こうした決定について村全体の合意を取り付けることが可能になったのは，村の書記を兼任する理事長の政治的な権威に加え，上級政府という相対的に安定した貸し手およびそのような貸し手と契約を成立させ

た理事長の人脈や交渉能力への信頼感が村民の間で醸成されたためと考えられる。ただし，これら2事例の経営の持続可能性は，今後も周辺の農民が専業合作社に農地使用権を貸与し続けるか否かに左右される。農地を提供している農民は調査時点では非農業部門で就業しているが，農地の賃貸借に関する農民の意思決定は長期的には都市部の労働市場や地元の農地賃貸借市場の動向，近年整備が進められている農民を対象とした社会保障制度の整備状況などの外的要因にも影響を受けると考えられる。③はアグリビジネスの下請組織であるが，母体となっている企業は，市場価値を高めるため認証の取得や自社製品のブランド化，マーケティングに注力するなど，大企業の強みを生かした経営を展開している。高品質の食品に対する消費者の需要は今後も拡大していくと見られ，原料の調達元である専業合作社も安定した成長が見込まれる。ただし，農産物市場の動向やアグリビジネスの経営方針の変化によって，農家が切り捨てられる危険性を常にはらんでいる。

## おわりに

本章では，第1節，第2節で中国農業の経済における地位が低下し，農民の兼業化が進展するなか，農地賃貸借市場や農作業委託サービスが発展をみせ，専業合作社や大規模経営といった新しい担い手が登場してきたことを確認した。そのうえで，第3節で河北省の専業合作社による大規模経営の事例を取り上げ，経営の特徴や存立条件を検討した。

事例分析では，タイプの異なる専業合作社の経営内容を詳細に比較した。いずれの事例も，フードシステムの川上と川下双方からの要請に応じて，大幅な経営モデルの転換を図っていた。様々なバックグラウンドをもつ専業合作社のリーダーは，それぞれのもつ人的ネットワーク，農地，資金，技術，販売力などの強みを生かし，新しい農業経営モデルへの転換を図った。その結果，事例では大規模化や新規作物の導入，販路の拡大により設立以前より

収益性が向上していることが明らかとなった。

　ただし，組織の持続可能性を考えるならば組織内のガバナンスにも注目する必要がある。いくつかの先行研究は，多くの専業合作社では組織内に階層性があり，階層により得られる利益には差があることを指摘している（林・黄 2007；黄・伏 2014）。事例でも明らかなとおり，上層部を形成する経営陣や大口出資者（正会員）は資金と社会資本を出資し，一般の農民から構成されるその他の会員（準会員）は土地と労働力を提供している。その結果，階層間で出資の大きさ，個人の能力に応じた経営への貢献度，リスク負担能力が異なるため，利益分配にも大きな差が生じることとなる。こうした組織内部のガバナンスも，専業合作社による農業経営モデルの持続可能性を判断するうえで重要な指標となるだろう。また，小規模農家が新しいタイプの経営に参加すること，あるいは農地を手放すことによって可能となった非農業就業によって，従来の自給的な農業よりも高い所得を得ていることは明らかである。しかし，フードシステム全体で考える場合，現状の利益分配の方法や水準の妥当性，とりわけ農地使用権の所有主体である農民の権利はどうあるべきなのかについては，議論の余地が残るところである。これらの点についての実証分析は，今後の課題としたい。

〔参考文献〕

<日本語文献>
有本寛・中嶋晋作 2010.「農地の流動化と集積をめぐる論点と展望」『農業経済研究』82(1)：23-79.
池上彰英・寶劔久俊 2009.「農村改革の展開と農業産業化の意義」池上彰英・寶劔久俊編『中国農村改革と農業産業化』アジア経済研究所．
小田美佐子 2004.「中国における農村土地請負経営権の新たな展開――『農村土地請負法』制定を手がかりに」『立命館法学』(298)：77-108.
佐藤宏 1996.「中国における経済改革と農村組織」『一橋論叢』115(6)：1139-1159.
寶劔久俊 2009.「農民専業合作組織の変遷とその経済的機能」池上彰英・寶劔久俊

編『中国農村改革と農業産業化』アジア経済研究所.
――― 2017.『産業化する中国農業――食料問題からアグリビジネスへ』名古屋大学出版会.
山田七絵 2013.「中国における契約農業の経済的特徴と組織形態の非市場の規定要因――山東省リンゴ果汁輸出企業の事例」『アジア経済』54(3)：72-100.
――― 2017a.「中国の新たな農業経営モデルの特徴と存立条件」清水達也編『途上国における農業経営の変革』2016年度調査研究報告書，アジア経済研究所.
――― 2017b.「中国／新しい農業経営モデル――四川省の事例から」『アジ研ワールド・トレンド』(264)（10月）：4-6.

＜英語文献＞

Kimura, Shingo, Keijiro Otsuka, Tetsushi Sonobe and Scott Rozelle 2011. "Efficiency of Land Allocation through Tenancy Markets: Evidence from China." *Economic Development and Cultural Change* 59(3): 485-510.

McMillan, John, John Whalley and Lijing Zhu 1989. "The Impact of China's Economic Reforms on Agricultural Productivity Growth." *Journal of Political Economy* 97(4): 781-807.

Minot, Nicholas and Bradley Sawyer 2016. "Contract Farming in Developing Countries: Theory, Practice, and Policy Implications." In *Innovation for Inclusive Value-chain Development: Successes and Challenges*, edited by André Devaux, Máximo Torero, Jason Donovan and Douglas Horton. Washington D.C.: International Food Policy Research Institute (IFPRI).

Nguyen, Tin, Enjiang Cheng and Christopher Findlay 1996. "Land Fragmentation and Farm Productivity in China in the 1990s." *China Economic Review* 7(2): 169-80.

Tan, Shuhao, Nico Heerink and Futian Qu 2006. "Land Fragmentation and Its Driving Forces in China." *Land Use Policy* 23(3): 272-285.

＜中国語文献＞

曹斌・苑鵬 2015.「農民合作社発展現状与展望」中国社会科学院農村発展研究所・国家統計局農村社会経済調査司編『中国緑皮書――中国農村経済形勢分析与預測（2014-2015）』北京，社会科学文献出版社.
傅夏仙 2006.『農業中介組織的制度変遷与創新』上海，上海人民出版社.
黄勝忠・伏紅勇 2014.「成員異質性，風険分担与農民専業合作社的盈余分配」『農業経済問題』8期：57-64.
林堅・黄勝忠 2007.「成員異質性与農民専業合作社的所有権分析」『農業経済問題』10期：12-17.

宋洪遠主編 2008.『中国農村改革三十年』北京，中国農業出版社．
桃洋 2000.「集体決策下的誘導性制度変遷――中国農村地権穏定性演化的実証分析」『中国農村観察』第 2 期：11-19.
張紅宇 2015.「我們怎么理解家庭農場」中国農業部農村経済体制与経営管理司・中国社会科学院農村発展研究所編『中国家庭農場発展報告 2015 年』北京，中国社会科学出版社．
張宗毅 2015.「中国農業機械化発展現状与前瞻」中国社会科学院農村発展研究所・国家統計局農村社会経済調査司編『中国緑皮書――中国農村経済形勢分析与預測（2014-2015）』北京，社会科学文献出版社．

＜統計・年鑑類＞
『河北農村統計年鑑』2016．河北省人民政府弁公室・河北省統計局編．北京，中国統計出版社．
『全国農産品成本収益資料匯編』2016．国家発展和改革委員会価格司編．北京，中国統計出版社．
『全国農村社会経済典型調査数据匯編（1986-1999 年)』2001．中共中央政策研究室・農業部農村固定観察点弁公室．北京，中国農業出版社．
『全国農村固定観察点数据匯編（2000-2009 年)』2010．中共中央政策研究室・農業部農村固定観察点弁公室．北京，中国農業出版社．
『中国第二次全国農業普査資料匯編』2009．国務院第二次全国農業普査領導小組弁公室・中華人民共和国国家統計局編．北京，中国統計出版社．
『中国家庭農場発展報告 2015 年』2015.中国農業部農村経済体制与経営管理司・中国社会科学院農村発展研究所編．北京，中国社会科学出版社．
『中国農村経営管理統計年鑑（2015 年)』2016．中国農業部農村経済体制与経営管理司・農業部農村合作経済経営管理総站編．北京，中国農業出版社．
『中国農村住戸調査年鑑』各年版．国家統計局農村社会経済調査総隊編．北京，中国統計出版社．
『中国農業発展報告』各年版．中国農業部．北京，中国農業出版社．
『中国農業年鑑』各年版．中国農業年鑑編輯委員会編．北京，中国農業出版社．
『中国農業統計資料』各年版．中国農業部編．北京，中国農業出版社．
『中国統計年鑑』各年版．中国国家統計局編．北京，中国統計出版社．
『中国住戸調査年鑑』各年版．国家統計局住戸調査弁公室編．北京,中国統計出版社．

＜ウェブサイト＞
株式会社クボタ「農業機械化のダイナミズム 1 ―― 中国・稲作革新への道」(http://www.kubota.co.jp/globalindex/backnumber/asianage/asianage02_01/index.html)．

農林水産省「2015 年農林業センサス結果の概要（概数値）」(http://www.maff. go.jp/j/press/tokei/census/151127.html).
肥郷区人民政府（fx.hd.gov.cn）.
中国国家統計局『第三次全国農業普査主要数据公報』(http://www.stats.gov.cn/ tjsj/tjgb/nypcgb/).
──── 『2016 農民工監測調査』(http://www.stats.gov.cn/tjsj/zxfb/201704/ t20170428_1489334.html).


［付記］本研究成果は，中国農業部農村経済発展研究中心の高強副研究員（所属・肩書は当時）らとの共同研究の成果の一部である。中国での調査にあたっては，現地の政府関係者や農業経営者の方々の協力を得た。記して感謝したい。本研究の実施にあたり，科研費若手研究（B)「中国農村における集団所有制改革の実態と評価─土地株式合作制の経済分析─」（代表者・山田七絵，JP15K21639）の助成を受けた。

# 第3章

# ベトナムにおける大規模農業経営の発展条件

辻　一成・荒神　衣美

## はじめに

　1990年代に食料自給が達成されたベトナムでは，2000年以降，農業の高付加価値化および国際競争力の強化に向けて，農業経営の大規模化，農家組織化，契約販売やインテグレーションの普及といった，農業生産・流通の大規模化・効率化が政策的に奨励されてきた（坂田・荒神 2014）。これらの政策の背景にあるのは，ベトナム農業全般にみられる農業経営の小規模零細性および流通の多段階構造という実態である。ベトナムでは農業生産者の大半が1ヘクタール未満層で占められているうえ，各農家の農地が複数のプロットに分散しているという状況も稀ではない。また，流通統合も進んでおらず，生産者から市場までの間には何段階もの流通仲介が介在している。2000年以降に出された一連の政策は，小規模かつ分散して所在する農業経営を何らかの形で集約し，企業によるインテグレーションにつなげることで，生産流通全体の効率化を達成し，農業の高付加価値化・国際競争力の強化を実現するという志向に貫かれている。

　こうした農業生産・流通の大規模化・効率化奨励の先陣を切ったのが，大規模農業経営（trang trại，以下，チャンチャイ）の発展奨励であった。チャンチャイとは栽培作物・地域ごとに定められた経営面積と生産額の基準を満たす比較的大規模な農業経営体のことを指す。その発展奨励の意図は，小農

を中心とした自給的農業から国際競争に応じうる商業的農業への転換およびその発展を牽引する経営体の育成と捉えられる。農家間格差の拡大にもつながりうる大規模化の奨励は社会主義国ベトナムにおいては画期的なことであり，発展奨励が始まって以降，その動向が政策担当者や研究者の注目を集めてきた。

　もともとメコンデルタで自生的に出てきた大規模稲作経営を後追いする形で2000年から発展奨励され始めたチャンチャイの数は，奨励策の施行後，定義の変更に伴う変動はありつつも全国的に増加してきた。しかしながら，実のところチャンチャイ経営の内実はかなり多様であることが，これまでの実態調査から明らかになっている。経営規模からみてチャンチャイとされる経営体のなかには，雇用労働力を前提とした経営で高収益を上げるものもあれば（辻 2013），世帯所得すら順調に拡大できていないものもあり（荒神 2007），チャンチャイを一概に「農業発展を牽引する先進的な農業経営体」とみなすことはできない。また，その経営主は必ずしも農家というわけではなく，とりわけ北部地域では農業経験がほとんどない政府関係者に農地が大規模に譲渡された結果として成立しているチャンチャイも珍しくない（荒神 2007；辻 2013；Kojin 2013）。

　では，チャンチャイのなかでも経営規模の拡大を所得・収益の向上につなげることができている成功事例には，いったいどのような条件が備わっているのだろうか。本章では，市場需要に応じた作物選択をし，100ヘクタール規模の超大規模経営を実現するチャンチャイを事例に取り，これまで十分に分析されてこなかった，企業的な発展を遂げるチャンチャイの経営実態を明らかにする。農業経営を取り巻く中所得国的な変化のなかで経営発展を実現しているチャンチャイ経営者の出自および経営発展の過程の精査を通じて，チャンチャイの先進的経営としての発展に必要な経営者能力が見いだされる。

## 第1節　チャンチャイ発展に向けた政策動向

　農業集団化期を経たベトナムでは，1988年に農家生産請負制が導入され，農家の主体的経営が容認された。それまで合作社[1]単位で使用されてきた農地が各地域の事情に合わせた方法で農家に分配され，1993年には改正土地法で各農家に分配された農地の長期的使用権が認められた。使用権には「交換，譲渡，賃借，相続，抵当」の権利が含まれており，使用権の市場取引が原則可能となった。

　農地市場の成立は大規模化を促す重要な条件だが，実は農地市場が制度的に成立する前の1980年代後半から，メコンデルタの一部地域ではおもに相続を通じた稲作経営の大規模化が始まっていた[2]。大規模化の実態は社会主義的「平等」理念と矛盾する動向であり，ベトナム政府にとっては諸手を挙げて歓迎できるものではなかったと考えられる。しかし，1990年代末に食料増産が達成され，国際経済への参入が進み始めた2000年，政府は農家による自発的な経営規模拡大を追認する形で，そうした大規模な経営体を生産額と経営面積の基準により「チャンチャイ」と定義づけて発展奨励し始めた（2000年政府決議3号）。政府決議3号では，チャンチャイが商業的農業の拡大および農業の高付加価値化・国際競争力の強化を牽引することに加え，雇用創出や技術開発を通じて地域農業へ貢献することも期待されている。

　政府決議3号の公布後，チャンチャイの資金調達や労働力雇用に関する規定など，チャンチャイ発展の外部条件の整備に向けた政策が相次いで制定された。また，2003年の改正土地法では，チャンチャイが政府からの交付地・借地に加えて，市場での売買・賃借取引や相続を通じて使用権を取得した土

---

1) 農業集団化期の合作社は，党の計画のもと，農家に代わって農業生産活動の全般を営むほか，農村の政治，社会，文化機能を担う主体であった。市場経済化が始まった1980年代末以降，合作社は農家に対して農業サービスを提供する経済主体に転換した。
2) メコンデルタにおける大規模稲作農家の形成過程は，荒神（2015b）にまとめた。

地を利用して経営規模を拡大することが明示的に奨励された。さらに 2003 年には農地使用税の減免措置も講じられ，農地集約の制度的障害が一定程度取りのぞかれたといえる。

　2000 年のチャンチャイ発展奨励以降，チャンチャイだけでなく合作社や企業など多様な主体が農業発展の担い手として発展奨励されているが，チャンチャイもそうした多様な担い手の 1 つとして，2010 年以降も引き続き発展が期待されている。2013 年には農業の付加価値向上と持続的発展に向けた農業構造改革計画が出されたが（2013 年首相決定 899 号），ここでも輸出農産品の競争力強化の主たる担い手として，チャンチャイが挙げられている。

　このように，チャンチャイは農業発展の担い手として継続的に発展奨励されてきた。しかし一方で，これまでのチャンチャイ発展奨励策および土地法は，農業発展を牽引する先進的な経営体としてのチャンチャイの発展を促進するうえで，次のような矛盾，課題をはらんでいる。まず，土地法で農地使用期限と保有面積上限が規定されていることである[3]。2003 年の改正土地法ではチャンチャイの発展奨励が明示された一方で，農地使用期限と農家当たり政府交付地の保有上限が地目別に定められている。とりわけ稲作地を主とする 1 年生作物地について，農地集約の前提である農地流動化を阻むような強い縛りがかけられている（使用期限 20 年，保有上限 3 ヘクタール）。大規模化を奨励しつつも過度な大規模化を抑制するという，現実とイデオロギーとの間での矛盾が垣間見える。土地法におけるこれらの規定は農地市場の発展を抑制する要因だと指摘されてきた[4]。加えて，2012 年には地方政府が使用期限切れを理由に農地を強制収容するという事件が複数発生したことにより，農家の農地に対する長期的投資への不安が増大した。そのような経緯を背景として，2013 年の土地法改正では農地使用期限の長期化（1 年生

---

[3] 土地法における規定の詳細については，荒神（2015a）を参照されたい。
[4] Vietnam Development Report 2011: Natural Resources Management. (Joint Development Partner Report to the Vietnam Consultative Group Meeting, Hanoi, December 7-8, 2010) など。

作物地で50年）や，政府交付地の保有上限は維持されつつも権利移転（売買，賃借，相続など）による農地集約の上限面積が引き上げられるといった，大規模化を後押しするような若干の変更があった。しかし，規定自体がなくなることはなく，その存在はひきつづき農家の農地への長期的投資意欲を抑制する一要素となることが懸念される。

　次に，政策に描かれる「チャンチャイ像」が，奨励開始から18年経ったいまなお明確でないことがある。チャンチャイの定義は，2000年の農業農村開発相・統計総局合同通知69号でチャンチャイが満たすべき経営面積の作物別・地域別基準と年間生産額が示されて以降，2003年には経営面積と年間生産額のどちらかの基準を満たせばよいとする基準の緩和化（農業農村開発相通知74号），さらに2011年には年間生産額基準の大幅引き上げという基準の厳格化（農業農村開発相通知27号）がなされている。現行のチャンチャイ認定基準は図3-1のとおりであるが，経営面積と年間生産額のいずれについても，線引きの根拠は明確ではない。さらに，チャンチャイ経営の規模以外の側面，具体的には経営構造や経営者機能については，これまでの政策では何ら具体像が示されたことはない。すなわち，政府はチャンチャイ発展を奨励するなかで，チャンチャイ経営の外部環境の整備に注目してきた反面，経営の中身についての議論・検討は十分に行ってこなかったといえる。

図3-1　チャンチャイ認定基準

① 耕種・水産養殖・混合経営：経営面積が東南部・メコンデルタで3.1ヘクタール以上，その他の地域で2.1ヘクタール以上，また年間生産額が7億ドン以上。
② 畜産：年間生産額10億ドン以上。
③ 林業：経営面積31ヘクタール以上，また年間生産額5億ドン以上。

（出所）　2011年農業農村開発相通知27号。

## 第2節　農業経営の外部環境変化とチャンチャイの変容

チャンチャイ，ひいてはベトナム農業経営一般を取り巻く外部環境は，チャンチャイの発展奨励が開始された2000年から見ると大きく変化してきている。以下では，環境変化の様相を概観したのち，2010年以降のチャンチャイに見られる主要な変化を公刊統計に基づき見ていく。

### 2-1.　中所得国ベトナムの農業環境の変化

ベトナムは2000年代に本格的な工業化・近代化期に入った。輸出と外国直接投資に支えられる形で急速な高度経済成長を達成し，2008年には世界銀行が定める低中所得国への仲間入りを果たした。2007年にはWTOにも加盟し，国際経済への参入もより一層深化した。一方，リーマンショックを契機とする世界的同時不況を受けた2008年以降のマクロ経済の不安定化，また中所得国になったのちに長期的な低成長局面に転換するという「中所得国の罠」への警戒を背景として，2011年以降のベトナムでは，それまでのような経済の量的拡大よりむしろ質的な成長，そのための経済構造改革が求められるようになっている。そうしたなか，以下のような，中所得国段階に入った国一般で想定される農業環境変化（本書第1章参照）が，とりわけ2010年以降，ベトナムでも顕在化してきている。

### (1)　産業構造および農村世帯所得構成の変化

ベトナムでは2000年代以降の高度経済成長のなかで，経済全体に占める農業の比重が縮小してきた。2016年時点で，総人口に占める農村人口の割合は65.5％といまだ大きいものの，GDPに占める農業の割合は16.3％，労働力人口に占める農林水産業就業者の割合は41.9％となっている[5]。

---

5）統計総局ホームページ（www.gso.gov.vn）参照。

農村の非農業化も加速している。表 3-1 には，農村世帯の数と農林水産業を主たる所得源とする農村世帯の割合を示した。農村世帯は 2011 年から 2016 年の間に 64 万戸増加している一方で，主たる所得源が農林水産業である世帯はいまや農村世帯の半数に満たない状況（47.9％）となっている。とくに農村の非農業化が顕著なのは紅河デルタと東南部で，これらの地域では主たる所得源を農林水産業とする農村世帯の割合が 3 割前後という状況である。

表 3-1　地域別に見た農村世帯数と農林水産業世帯の割合

|  | 農村世帯数（戸） | | 農林水産業を主たる所得源とする世帯の割合（％） | |
| --- | --- | --- | --- | --- |
|  | 2011 年 | 2016 年 | 2011 年 | 2016 年 |
| 紅河デルタ | 3,842,157 | 4,003,049 | 36.78 | 26.28 |
| 北部山地 | 2,224,826 | 2,398,972 | 75.36 | 66.37 |
| 北中部・中部沿岸 | 3,656,327 | 3,736,199 | 59.91 | 48.61 |
| 中部高原 | 862,681 | 954,020 | 86.14 | 84.23 |
| 東南部 | 1,429,582 | 1,546,176 | 38.97 | 31.43 |
| メコンデルタ | 3,328,279 | 3,349,111 | 65.34 | 57.09 |
| 全国 | 15,343,852 | 15,987,527 | 57.06 | 47.92 |

（出所）　Ban chỉi đạo tổng điều tra nông thôn, nông nghiệp và thủy sản trung ương（2017）．

農村の非農業化と並行して，農業就業者の高齢化も進みつつある。図 3-2 から，2011 年から 2016 年の間に全国的に農林水産業就業者に占める 40 歳未満層のシェアが減少していることがわかる。同図の元データに基づくと，とりわけ紅河デルタで農業就業者の高齢化が顕著で，2016 年時点で農林水産業就業者の 7 割弱が 40 歳以上という状況になっている。農村の非農業化と農業就業者の高齢化が顕著な紅河デルタでは，耕作放棄地の拡大も進んでいる[6]。

---

6) "Tình trạng nông dân bỏ ruộng ngày càng tang"（耕作放棄地拡大の状況）ベトナム農民会広報サイト Tiếng nói nhà nông（http://tnnn.hoinongdan.org.vn/）2016 年 7 月 20 日付記事，"Tình trạng nông dân bỏ ruộng ở Nam Định đang gia tang"（ナムディン省における耕作放棄地の拡大状況）Nông Nghiệp Việt Nam 紙ウェブ版（http://nongnghiep.vn/）2016 年 7 月 26 日付．

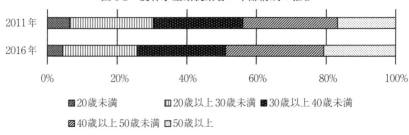

図 3-2 農林水産業就業者の年齢構成の推移

(出所) Ban chỉ đạo tổng điều tra nông thôn, nông nghiệp và thủy sản trung ương (2017).

　このような状況の一方で，農地については，公刊統計を見る限りは減少していない。未使用地の利用拡大もあってか，農地はむしろ拡大傾向にある（表3-2）。しかしながら，工業化・近代化が加速した 2000 年代に工業・商業用需要におされて農地が大幅に減少したという指摘が複数みられることを踏まえると[7]，公刊統計には表れない農地減少の実態，すなわち公式登録されている土地利用目的を変更しないまま，農地から工業・商業用地への転換がなされてきたのではないかと推察される。

表 3-2　用途別土地面積の推移

| 時点 | | 2001 年 | 2006 年<br>1 月 1 日 | 2011 年<br>1 月 1 日 | 2015 年<br>12 月 31 日 |
|---|---|---|---|---|---|
| 総面積（1,000ha） | | 32,925 | 33,121 | 33,096 | 33,123 |
| 用途別 | 農林水産業 | 21,206 | 24,584 | 26,226 | 27,302 |
| | 農業 | 8,879 | 9,412 | 10,126 | 11,530 |
| | 林業 | 11,824 | 14,437 | 15,367 | 14,924 |
| | 水産養殖 | 504 | 702 | 690 | 798 |
| | 非農林水産業 | 2,016 | 3,257 | 3,705 | 3,698 |
| | 非農業生産活動 | — | 157 | 260 | 262 |
| | 未使用地 | 9,702 | 5,281 | 3,164 | 2,123 |

(出所) 統計年鑑各年版および統計総局ホームページ（www.gov.vn）。

---

7) Vietnam Development Report 2011，2008 年アンザン省人民委員会提案 2 号など。

## (2) 国内外の農産品消費市場の変化

一般に，食料消費は経済成長による所得向上とともに，ある時期までは高級化（動物性食品の消費増加）や多様化（食生活の国際化）といった消費パターンの変化を伴いながら量的に拡大していくが，栄養必要量や栄養バランスなどが満たされるようになると，1人当たり食料消費量の増加は止まり，消費パターンの変化は健康・安全志向の高まりや簡便化といった質的なものへと変わっていく傾向がある[8]。ベトナムにおいても2000年代以降，1人当たり所得が大きく向上するなかで，こうした変化が進んでいる。表3-3は2004年から2014年のベトナム都市・農村別にみた食料消費の推移であるが，都市・農村のいずれにおいても，コメの消費量が減少する一方で，肉や卵といった栄養価の高い食品の消費が増しており，食の高級化の様子がうかがえる。

また，都市部の高・中所得層を中心に食品の品質・安全性への関心が高まっており，近年そうした需要を狙ったスーパーマーケットやコンビニエンスストアの出店も内資・外資の双方で相次いでいる。ベトナム全国で展開するスーパーマーケットの数は2008年の385店から，2016年には869店へと倍増し

表3-3　都市・農村別に見た1人当たり1カ月の食料消費量

|  | (単位) | 都市部 | | 農村部 | |
|---|---|---|---|---|---|
|  |  | 2004年 | 2014年 | 2004年 | 2014年 |
| コメ | kg | 9.16 | 7.25 | 12.87 | 9.79 |
| 肉類 | kg | 1.75 | 2.01 | 1.26 | 1.81 |
| 食用油 | kg | 0.30 | 0.33 | 0.27 | 0.34 |
| エビ・魚 | kg | 1.47 | 1.42 | 1.41 | 1.38 |
| 卵 | 個 | 3.13 | 4.03 | 2.17 | 3.54 |
| 野菜 | kg | 2.84 | 2.07 | 2.42 | 1.84 |
| 果物 | kg | 1.16 | 1.07 | 0.84 | 0.75 |

(出所) GSO (2016).

---

8) 時子山・荏開津 (2008) は，このような食生活の量から質への2段階変化を「食生活の成熟化」と呼んでいる。

ている。品質・安全性への関心の高まりやそれに応じた小売の近代化は，ベトナム国内に限った動きではない。ベトナムが農産品の輸出対象とする国々では，欧米や日本はもちろん中国でも，むしろベトナムに先行して変化が進んでいる。

2-2. チャンチャイの増加と質的変容

　以上のような環境変化のなか，ベトナム農業では基本的に稲作が中心に据えられつつも，多様な産品の生産拡大が図られてきた。農業生産額は耕種，畜産ともに継続的な拡大傾向にある[9]。農産品輸出も引き続き拡大している。ベトナムは2000年以降，複数の農産品で主要輸出国の地位を獲得しているが，コメ，コーヒー，水産養殖品といった従来からの主要輸出品目に加えて，近年では青果品・花の輸出額も大きくなっている。青果品はベトナムが最も早くから環境・安全性基準への対策を検討してきた品目である。ベトナムは2008年にベトナム独自の農業生産工程管理（Good Agricultural Practices: GAP）であるVietGAPを策定したが，このVietGAPが最初に適用されたのが青果品である。青果品の生産現場では輸出市場の拡大に向けてVietGAPの導入が政策的に推し進められてきた[10]。その成果か否かは検証が要されるところだが，2010年以降，ベトナムの青果品輸出は急拡大している（図3-3）。

　こうしたなか，農業経営面では，ベトナム農業全体で見れば依然として少数派と位置付けられる大規模経営に，増加傾向が確認される。表3-4には，2011年から2016年の作物別チャンチャイ数の推移を示した。水産養殖以外のすべての部門でチャンチャイの増加が確認されるが，なかでも畜産部門でのチャンチャイ数の増加が突出していることが分かる。チャンチャイ発展奨

---

9) 統計総局ホームページ（www.gso.gov.vn）参照。
10) ただし，VietGAPおよびGlobalGAPの普及は極めて政策的な動きであり，必ずしも農家の経済的利益につながっていないこともあって，急速に進んできたとはいいがたい（荒神 2013）。

励の開始時には，チャンチャイといえば耕種における大規模経営が主流だったが，2016年時点ではチャンチャイ総数の6割強が畜産チャンチャイによって占められている。

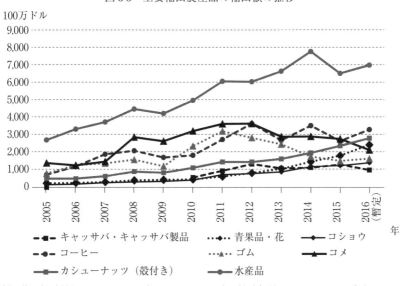

図3-3 主要輸出農産品の輸出額の推移

（出所）統計総局ホームページ（www.gso.gov.vn），統計年鑑2008, 2010, 2014年版。

表3-4 作物別にみたチャンチャイ数の推移

|  | 2011年 | 2016年 |
|---|---|---|
| 耕種 | 8,665 | 9,276 |
| 畜産 | 6,348 | 21,060 |
| 林業 | 50 | 113 |
| 水産養殖 | 4,522 | 2,402 |
| 混合経営 | 443 | 626 |
| 合計 | 20,028 | 33,477 |

（出所）GSO（2018）．

政府によるチャンチャイの定義は，前掲図3-1に示したとおり，経営規模のみを基準とするものであるため，表3-4でチャンチャイとしてカウントされている農業経営体には多様な経営主による多様な経営形態が含まれている。そのなかで，企業経営形態をとるチャンチャイが増加しているのではないかということが，表3-5の統計から推察される。表3-5は，経営形態別の経営体数の推移を見たものである。世帯がいわゆる農家にあたるもので，企業と合作社はそれぞれ企業法，合作社法を法的根拠とする組織経営である。表3-5から，ベトナム農業経営体の圧倒的多数が農家である一方で，その数は継続的に減少し，企業数が大幅に増加しているという変化が見て取れる。

　企業による農業生産投資は，農業のハイテク化や食品安全性の向上といった農業政策全体の流れのなかで，2010年代に入り政策的に奨励されるようになった。政策的奨励との因果関係は定かでないが，表3-5をみるかぎり，政策奨励開始後に企業による農業投資が加速していることがうかがえる。とくに企業数が多いのは，畜産が盛んな紅河デルタと，畜産および輸出向け工芸作物の栽培が盛んな東南部で，ベトナム最大の穀倉地帯であるメコンデルタには企業が少ない。荏開津（1997, 67）によれば，農業経営において農家が大勢を占める最大の理由は農地取得の難しさであり，農地をあまり必要としない畜産部門では農家から農家以外の組織経営への転化が起こりやすいという。また，Allen and Lueck（2002, 183）によると，プランテーション作物は穀物に比べて生育期間が長く，その間あまり手間がかからず（よってモニタリングコストが小さく），天候・自然条件による変動も小さいことから，大規模専作経営に向いており，企業経営が支配的になりがちだという。ベトナムの動向は，こうした理論的説明と矛盾しない方向性にあるといえよう。

　農業生産に投資している企業の多くは中小企業だといわれるが，ここ数年，農業外の大企業によるハイテク農業への新規投資も目立つ。投資対象分野はおもに青果品栽培と畜産であり，国内トップ企業が外国企業との連携のもとで高度技術を利用した農業生産に参入するという事例が相次いでいる。2015年には，不動産最大手のビングループ（Vingroup）が子会社ビンエコ

(VinEco)を設立し，イスラエルの施設園芸技術および日本の機械化・自動化技術を導入した，有機野菜・果物の大規模生産を開始している。また，通信大手のFPTは，2014年に業務提携した富士通とともに，2016年からハノイ市でクラウド技術を用いた野菜栽培に乗り出している。こうした流れのなかで，農業部門で大企業に成長してきたホアンアインザーライ（HAGL）（林業）やビナミルク（乳業），TH True ミルク（乳業）なども，生産のハイテク化を進めている。このようにハイテク農業への投資に踏み出す企業が大企業に偏りがちなのは，土地と資金の確保において，大企業が中小企業に比して政治的・経済的に有利な立場にあるためと推察される。

表3-5 農業経営体数の地域別動向

| 地域 | 年 | 数 | | | 前期比（％） | | |
|---|---|---|---|---|---|---|---|
| | | 企業 | 合作社 | 世帯 | 企業 | 合作社 | 世帯 |
| 紅河デルタ | 2006 | 182 | 3,396 | 2,173,478 | — | — | — |
| | 2011 | 228 | 3,122 | 1,916,128 | 25.3 | -8.1 | -11.8 |
| | 2016 | 443 | 3,106 | 1,459,573 | 94.3 | -0.5 | -23.8 |
| 北部山地 | 2006 | 63 | 642 | 1,795,244 | — | — | — |
| | 2011 | 105 | 445 | 1,884,599 | 66.7 | -30.7 | 5.0 |
| | 2016 | 134 | 697 | 1,867,608 | 27.6 | 56.6 | -0.9 |
| 北中部・中部沿岸 | 2006 | 106 | 2,205 | 2,438,606 | — | — | — |
| | 2011 | 138 | 1,955 | 2,374,991 | 30.2 | -11.3 | -2.6 |
| | 2016 | 266 | 2,143 | 2,002,956 | 92.8 | 9.6 | -15.7 |
| 中部高原 | 2006 | 112 | 131 | 749,966 | — | — | — |
| | 2011 | 177 | 71 | 862,568 | 58.0 | -45.8 | 15.0 |
| | 2016 | 226 | 81 | 926,833 | 27.7 | 14.1 | 7.5 |
| 東南部 | 2006 | 122 | 101 | 588,512 | — | — | — |
| | 2011 | 258 | 37 | 573,303 | 111.5 | -63.4 | -2.6 |
| | 2016 | 589 | 93 | 500,155 | 128.3 | 151.4 | -12.8 |
| メコンデルタ | 2006 | 23 | 496 | 1,994,354 | — | — | — |
| | 2011 | 49 | 442 | 1,980,107 | 113.0 | -10.9 | -0.7 |
| | 2016 | 82 | 526 | 1,697,135 | 67.3 | 19.0 | -14.3 |
| 全国 | 2006 | 608 | 6,971 | 9,740,160 | — | — | — |
| | 2011 | 955 | 6,072 | 9,591,696 | 57.1 | -12.9 | -1.5 |
| | 2016 | 1,740 | 6,646 | 8,454,260 | 82.2 | 9.5 | -11.9 |

（出所）GSO（2013；2018）．
（注）ここでいう農業には，林業と水産業を含まない。

以上のように，2010年代のベトナムでは，とくに畜産においてチャンチャイ数の急激な増加が見られること，またチャンチャイの経営主体は必ずしも農家というわけではなく，近年とりわけ畜産・青果部門で大企業による企業経営が出てきていることが確認された。次節以降では，南部メコンデルタにおいて畜産や青果を中心とした大規模複合経営で企業的成長を遂げるチャンチャイの事例に焦点をあて，彼らの経営実態を農業経営学の枠組みを通じて詳細に見ていく。

## 第3節　新たな経営体

### 3-1. 本節の目的

本節では，2000年代以降，新しい農業の担い手として政策的に奨励されてきたチャンチャイと呼ばれる大規模農業経営体について分析する。前節までの検討のとおり，チャンチャイの成長発展が奨励され始めた2000年代初め頃には，ベトナム人研究者によるチャンチャイを対象とした研究がそれなりに行われた。しかし，それらは限られた範囲の事例調査によっており，チャンチャイの経営体としての全体像を必ずしも明らかにするものではなかった。そうした状況に対して，例えば，Kojin (2013) は既存の統計と新聞報道，各地域に展開するチャンチャイの事例調査結果にもとづき，チャンチャイの全国的な形成動向と存在状況，地域別の経営規模や営農類型の特徴を明らかにした。その上で，成功したチャンチャイの出自を類型化し，それぞれの成功条件を整理することを試みいくつかの注目すべき知見を得ている。

本節以降の主な目的は，そのような先行研究の知見も参考にしつつ，成功したチャンチャイはいったいどのような経営をしているのか，収益性が低いといわれる農業でどのようにして収益をあげているのか，どのような成長過程を経て現在に至ったのか，今後どのような戦略で成長しようとしているのか，という点についてさらに詳細に明らかにすることである（有限責任監査

法人トーマツ・農林水産業ビジネス推進室 2017, 8)。その際，チャンチャイ経営者がどのようにして自らの経営能力を培ってきたのかを併せて検討する。このことを通じて，チャンチャイの持続的な成長発展に資する経営者育成支援策の必要性についても言及したい。

### 3-2. 分析視角
(1) 農業経営体の成長と経営環境および経営戦略の関係

農業経営体は，農業生産を主要な事業として持続的な収益を追求する事業体である。農業経営体が持続的に収益を獲得していくためには，刻々と変化する農業経営内外の環境変化に適応していくことが必要である。農業経営内外の環境とは，経営体の外部にあって経営活動に影響を与える外部環境と経営資源の全体からなる内部環境のことをいう。前者はさらに，自然環境，経済環境，社会環境，政策環境などマクロ環境と，顧客，競合関係，自社製品の市場といったミクロ環境からなり，これに対して後者は，当該経営体の収益力，技術力，生産能力，人材・組織，資金力，購買力，販売力などを構成要素とする（木村 2011, 35-46 参照）。

農業経営体の内部環境がどのように形成されるかは，それぞれの農業経営者の意思と管理能力に規定され方向づけられる。農業経営者が経営内外の環境をどう分析し，成長のための事業分野をどこに選択し，選択した分野での競争上の優位性をどのように確保し，そのために有限の経営資源をどのように有効配分するかという経営戦略には自ずと個別性が現れるからにほかならない。要するに，農業経営体の成長は，個々の経営者が環境変化に対応して改善や成長のための経営戦略を立て，それを的確に実行し価値創造をくりかえしていく過程を通じてもたらされるということができる（木村 2011, 167-175 参照）。

(2) チャンチャイの経営戦略と成長過程

それでは，実際のチャンチャイは，どのような経営戦略にもとづいて実際

の農業経営を運営しているのであろうか。本章第2節では，チャンチャイ成長の前提となる一般的な外部環境（マクロ環境）の変化について詳述した。これに対して，本節では，チャンチャイの経営戦略に焦点をあて，経営の成長発展プロセスを詳しく見ていくことにする。

　この点に関して，成功したチャンチャイの出自を類型化し，その経営成長について一定の整理を試みた先行研究では，各事例の分析において，新技術の開発動向や地方行政の土地分配施策の変更など，外部環境の変化がチャンチャイ経営成立の契機となったことを指摘している（Kojin 2013, 10-12）。しかし，そこでは成功したチャンチャイがなぜそれに対応できたのか，どのようにして対応したのか，という農業経営内部の論理と対応のプロセスについては十分に解明されていない。その点を分析することが，同じ外部環境に接しても，チャンチャイとして成長する経営と一般的な農業経営（農家）との違いを説明することになる。

### 3-3. 事例
#### (1) 事例の位置づけ

　以下で検討する4事例は，いずれも伝統的な家族経営の域を大きく脱し，企業的成長を遂げている。ただし，仔細にみると，農業参入の時期，経営者の経営管理内容やその能力水準の違いによって，なおもチャンチャイとして創業期・成長期段階にあるものと，ある程度安定した成熟期・展開期段階に到達したものとに区分できる。

　4事例を出自と企業的成長の段階で区分するとそれぞれ表3-6のようになる。以下では，ふつうの農家から成長し成熟期・展開期の段階にあるチャンチャイUH経営とSD経営，また，近年異業種から農業参入し，創業期・成長期段階にあるチャンチャイTR経営とCV経営を対象に，それぞれの経営成長のプロセスと経営者の経営管理内容を明らかにする。

　なお，4事例の経営概況に関しては表3-7に一覧としてまとめた。

表3-6　事例経営の経営成長度による区分

|  | 創業期・成長期 | 成熟期・展開期 |
|---|---|---|
| 農家からの成長 | — | UH経営・SD経営 |
| 異業種からの農業参入 | TR経営・CV経営 | — |

(出所) 現地聴取調査 (2016年12月と2017年8月) より筆者作成。

(2) UH経営の事例
①経営概況

UH経営は，ロンアン省を主な拠点として，合計850ヘクタール以上の経営耕地（養殖池面積を含む）を保有し，農家出自のチャンチャイとしてはベトナムでも有数の超大規模経営である。ただし，法人格は取得していない。経営耕地はメコンデルタを中心に6省に分散しており，各地域の自然条件の特徴を生かし，耕種部門，畜産部門，水産養殖部門からなる複合経営となっている。

2017年現在の耕種部門は，バナナ285ヘクタールとアボカド80ヘクタールを中心とし，このほかにトウガラシの生産もある。畜産部門は飼養頭数3万頭，水産養殖部門では120ヘクタールの養殖池でエビが生産されている。経営全体では500人程度の雇用規模がある。このうち100人程は30歳未満の若い労働力であり，工場を解雇されて失業した人たちである。

基幹作目の1つであるバナナは年間生産量8000から1万トン，同じく肥育牛の年間出荷頭数は1万から1万5000頭となっている。バナナはほぼすべて海外市場への輸出であり，輸出先は日本と中国だけで総販売量の80％を占める。残りは中東，その他の東南アジア諸国である。一方，肥育牛は，国内最大手の食肉流通業一社との取引であり，UH経営の出荷物は国内24省以上の広域に流通している[11]。UH経営の農業収入は明らかにできないが，例えば，2015年度には海外からの牛の輸入税だけで3000億ドンを納税した[12]。

---

11) インタビュー時のUHの回答による。
12) Lao Động 紙2015年1月27日付け記事による。肉用牛の輸入関税率は5％である（ベトナム税関ホームページ https://www.customs.gov.vn/SitePages/Tariff-Search.aspx?language=en-US）。

表 3-7 事例経営の経営概況

|  | UH 経営（個人経営） | SD 経営（法人経営） | TR 経営（法人経営） | CV 経営（法人経営） |
|---|---|---|---|---|
| 経営耕地面積と経営部門 | ・経営耕地面積 878ha（自作地）<br>・農業生産部門<br>バナナ 285ha（ロンアン省 200ha、ティニン省 85ha）<br>アボカド 83ha（ビンズオン省）<br>エビ養殖 120ha（ソクチャン省 60ha、バクリュー省 60ha）<br>肥育牛 1 万頭／繁殖母牛 500 頭（ロンアン省 40ha）<br>茶 100ha／アボカド 250ha（計画中、ラムドン省） | ・経営耕地面積 190 ha（自作地 120ha／リース 70ha）<br>・農業生産部門<br>水稲（種籾）120ha<br>バナナ 60ha<br>繁殖母牛 300 頭（畜舎 3.8ha、牧草地 5ha）<br>・農業資材販売部門 | ・経営耕地面積 300 ha（リース）<br>・農業生産部門<br>アカシア 240ha<br>ライム 50ha<br>バナナ 5ha<br>トウガラシ 5ha | ・経営耕地面積 150 ha（自作地）<br>・農業生産部門<br>ライム 100ha<br>パッションフルーツ 40ha（準備中）<br>・青果物加工部門<br>選果・加工施設 2ha |
| 労働力 | ・雇用労働力 500 人 | ・家族労働力 5 人（部門分担あり）<br>・雇用労働 43 人<br>臨時雇 17 人／常時雇 60 人<br>バナナの収穫繁忙時に出荷先から臨時派遣 20 人 | ・雇用労働力 50 人：常時雇 10 人／臨時雇 40 人 | ・雇用労働力 90 人：常時雇 40 人／臨時雇 50 人 |
| 主な資本装備 | バナナ集荷・選果施設<br>冷蔵庫<br>牛舎 | 水稲用（トラクター 3 台、田植機 1 台、収穫機 2 台、乾燥機 2 台、保管庫 1 棟ほか）／肥育牛用（畜舎 4 棟、飼料混合機 1 台、ユンボ 1 台、運搬トラック 1 台、ベーラー 2 台、ワラ用倉庫 2 棟／堆肥舎 1 棟）／バナナ用（灌漑用ポンプ 1 台、農薬散布機 2 台、揚排水ポンプ 4 台、バナナ洗浄槽 2 槽、倉庫 1 棟、水処理タンク 1 基） | 特になし | 選別・加工用設備：選別機 1 台／搾汁機 1 台／粉末乾燥機 1 台等 |
| 年間販売金額（2016年） | ・総販売金額 不明（NA）<br>栄輸入税（子牛）だけで 3000 億ドンを納税 | ・総販売金額 53 億ドン<br>水稲部門 30 億 6000 万ドン<br>繁殖牛部門 1 億 2000 万ドン<br>バナナ部門 21 億ドン | ・総販売金額 65 億ドン<br>アカシア 40 億ドン<br>バナナ 25 億ドン | ・総販売金額 48 億ドン<br>・ライム青果のみ（加工品の販売額は不明） |

（出所）現地聴取調査（2016 年 12 月と 2017 年 8 月）より筆者作成。

②経営成長のプロセス

経営主 UH（62歳，2017年当時）は，1970年頃からトラクターのオペレーターとなり農業労働者として働き，1975年に3ヘクタールの自作地でサトウキビ栽培を開始した。その後，1977年に，村の数人の仲間とともにテイニン省でサトウキビ畑70ヘクタールを開墾したが，初年度の洪水で作物が全滅し，UHは再びトラクターのオペレーターとして賃労働に従事することになった。

UHにとって最初の大きな転機は1982年であった。この年，ビンズオン省の製糖工場でサトウキビ畑の大規模開発プロジェクトが行われ，これに参画したUHは製糖工場からタンウエン地区に80ヘクタールの土地を割り当てられ資金も貸与された。しかし，このときはトラクターでの耕耘作業に失敗し，圃場の漏水のために8割もの農地が収穫皆無に陥った。この失敗で多くの仲間たちがプロジェクトを去ったなか，UHは同地での営農継続を決意したが，そのときに抱えた負債の返済に6年を費やした。

1990年代初め頃，東欧諸国崩壊のあおりを受けて，ベトナム国内では国営農場の天然ゴム林が軒並み放棄されることになった。UHはこのときテイニン省ボイロイにゴム林70ヘクタールを取得し，これをサトウキビ畑に転換して栽培を始めた。しかし，そこは水不足の土地で灌漑条件が十分でなかったため初年度の収穫に失敗し，UHは再び負債を抱えることになりその完済までに3年を要した。

このように大きな失敗を何度か繰り返しながらも，UHは，徐々に農地の土壌改良を行い，1995年頃までにはサトウキビ栽培は軌道に乗り，安定して毎年5億ドン以上の利益をあげられるまでになった。UHが「サトウキビの王」[13]として世間から広く認知されるようになったのはこの頃のことである。

こうしてかなり莫大な自己資金を蓄積したUHは，さらに経営規模の拡大を図るため，ロンアン省に240ヘクタールの農地を開墾し，自信を持ちつつ

---

13) *Lao Động* 紙 2015年1月27日付け記事による。

あったサトウキビ栽培に着手した。しかし，ここでもまた，ひどい酸性土壌のため栽培に失敗し破産寸前となった。いよいよ農地を手放すことを考えていたとき，ロンアン省ヒエップホア運送会社の当時の社長から事業を続けるように説得され，資金提供と負債償還期間延長の便宜を得たことで営農継続の意思を固めた。そして，過去の経験に学び，堤防を整備し，土壌改良をすすめて，機械化を図る投資を続けた。その甲斐もあって，2000年に発生した歴史的な洪水の際にも，UHのサトウキビ畑だけはまったく被害を受けることがなかった。

サトウキビ栽培で成功を収めたUHであったが，2000年頃を境にしてふたたび転機を迎えることになる。これは，ASEAN域内の貿易自由化に向けた動きが進んでいたなかで，UHが国産サトウキビには将来的に競争力がないと判断したことによる。

そこで，UHはまずソクチャン省でのエビ養殖に投資した。ショベルカー2台を購入して60ヘクタールの養殖池を造成し，それと同時に養殖技術を学ぶため1年をかけて自ら研修に出た。翌年すぐにUHはエビ養殖を開始したが，これにも失敗し初年度には数十億ドンの損失を被った。そこで，再び1年をかけてメコンデルタ中の先進経営を訪ね歩き，より高度な養殖技術を習得して事業を再開，今度は成功を収めてその勢いでバクリュー省にエビ養殖の投資拡大を行った。むろん，このとき他省を選択したのはエビの病気発生リスクを回避するためであった。

一方，サトウキビからの転換作物の選択に際しても，新規作物の栽培を学ぶため，UHは国の果実研究所へ赴き国内トップの研究者に学び，2004年からスイカとトウガラシの栽培に取り組んだ。これは前例のない成功を収め，UH経営では毎年数百トンのトウガラシを生産販売することになり，7月から12月にかけて，ホーチミン市におけるトウガラシ市場のシェアの大きな部分を占めた[14]。

---

14) インタビュー時のUHの回答による。

しかし，トウガラシの収穫作業はきわめて労働集約的であるため，広大な経営耕地をもつ UH 経営ではそれを主幹部門とすることには適さなかった。そこで，国内の経済成長にともない需要の拡大が著しい食肉（牛肉）市場を見通して導入されたのが，現在の主幹部門の 1 つである肉用牛ビジネスであった。差別化のため当初から輸入牛を取り扱ったことも慧眼であったといえるが，もちろんこれは UH 経営における相応の資本蓄積と経営者の人脈など卓越した経営資源があった結果である。

さらに肉用牛肥育部門の副産物（家畜糞尿）の有効利用が契機となって，有機栽培バナナが安定的な新しい基幹部門の 1 つとして定着したことは，UH 経営にとって新たな経営発展の基盤となった。バナナは当初から海外市場への輸出を目的とし，日本の輸入業者との取引を実現はしたものの，果実の形状や規格の統一，厳格な品質管理を要求されるため，これに応える栽培技術力の向上と UH の管理能力の発揮がいっそう試されることになったからである（写真 3-1，写真 3-2）。

写真 3-1　UH 経営のバナナ集荷場

2016 年 12 月筆者撮影。
バナナが傷まないようにワイヤで吊るし極力直接人手で触れないようにする。

写真 3-2　日本市場輸出向けバナナ

2016 年 12 月筆者撮影。

③ UH の経営管理の特徴

以上のとおり，UH は何度もの危機的な失敗を経験したが，それを強靭な

意志と人一倍の責任感によって1つずつ克服することを通じて，経営を持続的に成長させてきた。UH は，自身の経験について「文字どおり一介の農夫から成り上がった」といい，それができたのは親からもらった頑健な身体のおかげだと回顧する。

　また，創業期から成長期の経営展開や危機的状況からの脱出のための資金調達について，仲間たちや外部企業の手厚い支援を受けられたことは，UH 経営の持続的な成長にとって重要な要因であった。UH 自身，創業期の資金調達は最も大変な課題だったと振り返り，人脈形成の重要性を強調する。むろんこうした周囲からの支援が得られたのは，UH の信頼される人柄があってのことと推察できる。

　その上で，今後 UH 経営が持続的成長を継続していくためには，経営内部での人材育成と労務管理の向上が課題として認識されている。これには中間管理者としての役割を担う者と日常の作業労働を担う者の2つがある。UH 経営では，前者については部門分担制をとり，それぞれに管理者を配置して責任を明確にした上で権限移譲を行っている。一方，農業経験の浅い作業労働者については，1週間単位で圃場ごとに作業計画を提示し，作業の具体的な指示が必要な場合や病害虫発生の状況を確認した場合には，SNS を利用していつでも上位の職位者に連絡できる体制をとっている（写真3-3，写真3-4）。これを通じて管理者たちは配下の作業労働者の技能向上を図る指導を行っている。また，こうした作業労働者と中間管理者のやり取りは，経営主の UH も随時共有しており，必要時には指導内容や注意事項について管理者たちに適切な指示を与えるため，臨機にミーティングを招集するなどの対応をとっている。

写真 3-3　UH 経営の作業計画表　　写真 3-4　LINE を利用した作業労働者への指示

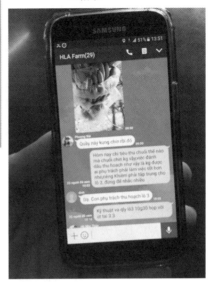

2017 年 8 月筆者撮影。

2017 年 8 月筆者撮影。

## (3) SD 経営の事例
### ①経営概況

　SD 経営は，アンザン省に 190 ヘクタールの経営耕地を有するチャンチャイである。農業経営組織は，種子用水稲 120 ヘクタール，バナナ 60 ヘクタール，繁殖母牛 300 頭の 3 部門からなる複合経営である。また，SD 経営は肥料や農薬など農業資材の販売事業も手掛けている（写真 3-5）。労働力は，家族労働力が SD 夫婦と 3 人の子どもの 5 人，雇用労働 60 人（うち常雇 17 人，臨時雇 43 人）となっている。資本装備はトラクター 3 台，田植機 1 台，収穫機 2 台など，近代的な装備が充実している（写真 3-6）。農業部門の年間販売金額は，水稲部門 30 億 6000 万ドン，バナナ部門 21 億ドン，繁殖牛部門 1 億 2000 万ドンの合計 53 億ドンほどである。

写真 3-5　SD 経営の資材販売会社の外観　写真 3-6　SD 経営のバナナ栽培圃場と自作の灌漑用ボート

2016 年 12 月筆者撮影。

2017 年 8 月筆者撮影。

②経営成長のプロセス

　経営主の SD（60 歳，2017 年当時）は，アンザン省アンフー県と国境を接する隣国カンボジア，カルダン省コートゥム県ベチャイ生まれである。当初，SD はカンボジアで天然魚を獲り，アンザン省チャウドック市にある加工業者に販売して生計を立てていた。しかし，1990 年代初め以降，次第に漁獲量が減少する一方で，ベトナム国内では養殖漁業が盛んになってきていた。そこで，SD もベトナムに移りチャウドックでナマズ（Basa）養殖を手掛け始めた。しかし不運なことに，SD が養殖した魚の販売価格はすぐに暴落した。SD が選択したのとは別の魚種（Ca Tra）が高値で取引されるようになったためだった。これを契機に SD は養殖業を止め，それまでとは全く違う事業に転じることを決意した。最初，SD はロンスエン市に土地を求めるつもりだったが，あまりの高地価のためにそれを諦め，知り合いから勧められたルオンアンチャーに移転した。そこは当時，未利用の荒野を開発してできたばかりの新しい村であり，ひどい強硫酸性土壌のため農業にとっては「死の土地」として知られていた。しかし，ちょうどその頃，当地に製粉工場建設の計画があり，道路や電気，用水などインフラ整備が進んでいるのをみて将来の発展性を確信した SD は，1997 年にそこで農業資材を取り扱う事業を開始した。

ただし,農業未経験者だったSDは,稲作栽培の技術を一から学ばなければならなかった。そのため,稲作についてわからないことがあると,県の農業局に何度も足を運び,技術者からアドバイスを受けた。やがて身に付けた稲作栽培や土壌分析の知識をもとに,SDは周囲の農家に問題土壌での水稲の肥培管理の方法を指導していくことになる。当初は,信用を得られずSDのアドバイスに耳を傾ける農民は少なかったが,相手が自分の目で見たことだけを信じる保守的な人たちだともわかっていたSDは,当時まだ1ヘクタール当たり500万ドンと安価だった農地3ヘクタールを購入し,そこで実証をしてみせた。例年のように周囲の稲が青枯れしてしまうなかで,SDの圃場だけは収穫に成功し,このことによってSDは地域の農民から一目置かれる人物になった。そこからSDの事業は軌道に乗るとともに,負債の返済に苦しんでいた農家から14ヘクタールの農地を追加購入して農業経営の基盤を確立した。それと同時に,本業の農業資材販売は妻と子1人に任せ,SD自身は他の2人の息子とともに農業生産に専従し,自作地経営のほか2005年頃からは機械による農作業請負にも次第に事業を拡大していった。

　その後,順調に自作地の規模拡大を図り,2006年頃にはSD経営の経営耕地面積は120ヘクタールに達した。また,この間,SDは現地の水稲生産性と収益性の改善には,高品質種子の導入,機械作業の効率性の向上やポストハーベスト技術の改良が不可欠と考え,メコンデルタ稲作研究所や複数大学の農学部を訪ね,高品質種籾の生産技術を習得している。そうして生産した種籾を比較的安価で地域農家やメコンデルタ,全国の業者に供給し,周辺農家の栽培協力も得て最高時には年間1万トンを販売するに至った。

　2013年には,アンザン省政府からチートン県ヴィンザーのリース農地70ヘクタールを取得する承認を得て第2農場を建設した。省農業局と工業局の仲介で国内最大手の食肉流通業者への販売契約の話が進んでおり,2000頭規模の肉用牛飼育を開始するためであった。当初400頭から開始したが,このとき問題になったのが地域の環境を汚染しかねない大量に発生する家畜糞尿の処理であった。そこで,SDはこの問題解決のために当時知られていた

豚用敷料を利用することを思いついた。この発想は当たり，悪臭が抑制され，牛舎の衛生状態が良好に保たれるとともに家畜糞尿収集の省力化も可能になり，2000頭まで増頭する計画実現の目途が立つことになった。加えて，家畜副産物を堆肥化した有機肥料を自作地の圃場に還元することで土壌の改良もすすんだ。

繁殖牛については，タイ，オーストラリア，フランス，アメリカから十数頭の優秀な雄牛を輸入し，これを国内の雌牛と交配させ，高品質でかつ地域の飼育環境に適応する能力の高い子牛を生産する独自の方法を採用した。また，飼料の供給体制についても，ある種の酵素を水稲の副産物である稲わらとクズ米に適用して自給飼料として高度利用することに成功し，これによって飼料用作物を栽培するための土地も同時に節約することができた。こうしてSD経営の体系的な肉用牛繁殖部門の基盤が整うことになった。また，このような土壌改良と土地節約的な飼料生産基盤の確立が，2016年のバナナ部門の導入を可能にしたことはもちろんである。

SD経営では，子牛を地域の農家に供給し，肥育経営農家として育成していくことを今後の成長戦略としている。そのため，飼養技術の乏しい農家を支援する技術移転チームを独自に編成し，地域全体を良質の肉用牛生産地帯として発展させていくことを構想しているところである。

③ SDの経営管理の特徴

以上のとおり，農業に関しては門外漢であり，よそ者だったSDが地域の農家の信頼を得て比較的短期間のうちに成功を収めてきたのには，そもそも農業の低生産力地帯であった事情に加えて，それを克服するための強い知識欲と新しいことへの挑戦を厭わない行動力があった。それはSDの経営者としての最大の強みである。

経営管理面では，豊富な家族労働力を基盤にして，家族管理による経営であることがSD経営の特徴である。しかし，家族は管理労働に特化するのではなく，現在も相当程度の作業労働に従事している。その点で，SD経営は，

本来の意味での企業経営に向けた発展過程にあるといってよい。ただし，家族の間では明確な部門分担制がとられており，個人の能力向上をめざして，分業と専門化の利益追求が図られている点は特筆すべきであろう。

家族間の分業制のなかで，経営主のSD自身は，生産部門における新しい技術の開発とその応用に精力的に従事し，自経営内部での技術合理的な経営組織（部門編成）の確立と周辺農家を巻き込んだ地域農業の複合化を実現してきた。これは，SDが経営者ではあるが農業生産者としての側面に軸足をおき，周辺農家の共感と信頼を得て良好な関係を構築してきたことが基礎となっている。このことは，SD経営の水稲種籾や繁殖子牛を生産供給するという地域BtoBビジネスモデルを安定的に展開していく上で，顧客獲得の観点からも極めて整合的な行動であると考えられる。

(4) TR経営の事例
①経営概況

TR経営は，現在，カマウ省に300ヘクタールの土地を取得し営農を行っている。経営主TR（52歳，2017年当時）は異業種からの農業参入者であり，農業はTRが経営する建設土木業を本業とする個人企業の一事業部門となっている。

経営組織は林業と農業の複合経営である。主要部門は林業（アカシア栽培）240ヘクタールであり，農業はバナナ50ヘクタール，ライムとトウガラシがそれぞれ5ヘクタールずつの作付面積である。経営主TR以外の家族は農林業には従事しておらず，労働力は常時雇10人と臨時雇40人の計50人となっている。農林業専用の機械装備はとくに所有せず，必要時にはリースまたは作業委託で対応している。直近の年間売上金額は65億ドンであり，その内訳は主に建築用資材に用いられるアカシア40億ドンとバナナ25億ドンである。

②経営成長のプロセス

　TR は，2002 年に，ホーチミン市を拠点にして土木建設業を本業とする零細個人企業を設立した。当初は経済の活況のもとで事業も順調であったが，次第に競争が激しくなるに伴い，土木建設業以外の事業に活路を見出すことを考えた。それが，農業への投資を思い立った契機であった。本業の関係でカマウ省に土地勘があったことに加え，2007 年当時，ちょうど省政府が沿岸近くの雑木林の有効利用を企図し入植者を募集していたため，この土地の取得を決心した。土地取得申請には，事業計画書のほか，財産明細，地元雇用機会創出の計画，低所得者への寄付計画の提出など煩雑な手続きもあったが，同年のうちに事業計画だけは認可された。

　しかし，その後，TR がその土地を実際に耕作できるようになるまでに 4 年を要した。原因は地方政府や関係機関の役人の腐敗によるものであった。TR はできるだけ早く事業に着手するため「話せないほどの金額を負担した」という。しかし，取得申請した 1000 ヘクタールに対して，TR が最終的に使用許可を得たのは半分の 500 ヘクタールであり，そのうち 200 ヘクタールについては現在も土地使用権証が交付されていない状態である。

　それでも，土地取得の翌 2012 年には，TR はまず 300 億ドンの投資を行い 150 ヘクタールでアカシア栽培を開始し，その後徐々に植林を進めて現在は 240 ヘクタールまで拡大している。アカシアは毎年 30 ヘクタールずつ収穫する計画であり，2 カ月半かけて収穫し，伐採が完了した土地を整地して再び植林する施業体系である。

　バナナは未利用状態であった土地 50 ヘクタールの有効利用のため，2016 年に栽培を開始した。TR はバナナ栽培の未経験者だったため，フィリピン人技術者 1 人を 1 年間雇用して，肥培管理や病害虫防除の方法をベトナム人従業員らとともに学んだ。当初の計画では，2 年 3 作が可能なバナナを中国市場の品薄期となる 5 月頃までに出荷する目論見であったが，技術不足のため生育が遅れた上，熟期のばらつきを制御できず，植え付け時期は同じであったにもかかわらず，結局最初の収穫では収穫期間が 2 カ月半にもわたってし

まい有利販売を逃している。将来的に契約栽培による安定した出荷先の確保を目指すTR経営にとって，バナナの栽培技術向上は当面の最重要な経営改善課題である。

また，TRはバナナ栽培の開始と並行して5ヘクタールのライム栽培にも着手し，2017年からは同じ規模でトウガラシ栽培にも取り組み始めた。前者はヨーロッパ市場，後者は中国市場への輸出を狙っているものである。どちらもまだ収穫実績はないが，問題は流通経路（販売先）が未確定なことである。TRは国内の卸売業者を取引相手にすることを考えているが，現時点で特定の契約先があるわけではない。

③ TRの経営管理の特徴

異業種出自であるTRの農業参入の動機は，本業の将来不安に発した新規事業としての農業への漠然とした期待であった。そこへにわかに広大な土地取得の可能性に遭遇したことで，事業計画書は提出したものの確たる事業理念や事業目標を明らかにしないまま，性急に農業参入してしまった嫌いがある。また，予期しなかった土地取得上の障害が起こり，その問題を乗りきることに注力しなくてはならない状況に置かれた。土地取得までの4年間はより慎重に事業計画を練り，特に生産物の確実な販路確保に向けて需要者のニーズを的確に把握する情報収集活動が必要であったと考えられる。

しかし一方で，TRの忍耐力と機械装備などの初期投資を極力抑える工夫，また潤沢な資金力は特徴的な内部資源である。また，栽培技術の低さを克服するため，フィリピンから経験豊かな技術者を招聘して従業員の技能向上を図っていることなど経営課題の解決に向けて精力的に取り組むと同時に，TR自身も在来種を含めて将来有望なバナナ品種の探索にも時間をかけている。

さらに，TRは研究者や農業ジャーナリストとの関係を深め，頻繁に取材や視察に同行し，そこから他のチャンチャイ経営者とのネットワークを広げ

つつある[15]。これによって課題である農産物マーケティング手法を学ぶことに取り組んでいるところである。

(5) CV 経営の事例
①経営概況

CV 経営は，ロンアン省で農業生産部門，加工部門，販売部門の垂直的な事業多角化展開を行っている法人経営のチャンチャイである。2017 年 8 月時点で，農業生産部門では，経営耕地 150 ヘクタールのうち，ライム 100 ヘクタールを栽培するほか，40 ヘクタールをパッションフルーツ栽培のため準備中である。加工部門では，ライム果汁や粉末の原料生産と，加工調味料や養魚用飼料，化粧品等の原料になる精油抽出など多様な試作品の開発に取り組んでいる。さらに販売部門では青果を海外市場向けに直接輸出するほか，オリジナル商品の缶ジュースや粉末ジュースなどの加工品を販売している。

CV 経営の資本装備は，特に加工部門で充実しており，選果・選別機はもちろん，高性能の搾汁機械や粉末乾燥機を装備している。労働力は，農場長を筆頭に農場管理者である技術者 10 人を含む常時雇 40 人，収穫等の補助労働を行う臨時雇 50 人の計 90 人である。また，経理等の事務については，経営主 VH が別に経営する建設会社の事務部が担当している。

CV 経営の 2016 年度の販売金額はライム青果だけの 48 億ドン程度であったが，2018 年度以降は加工品の販売金額が加わり大幅な増加が見込まれている。

②経営成長のプロセス

CV 経営の経営主 VH（37 歳，2017 年当時）は若くして本業の建設業に成

---

[15] 筆者は，著名なベトナム人農学者であり，4 事例の経営者とかねてから親交のあるヴォー・トン・スアン博士を介して，2016 年と 2017 年の 2 度にわたって面接調査を行った。2 度の調査には *Lao Động* 紙記者も帯同し，TR との親密な関係を確認している。また，2017 年の調査では，TR は UH 経営と CV 経営に対する筆者らの調査にも同行して農産物マーケティングの手法について情報収集を行っている。

功し，潤沢な個人資産をもって農業投資に関心を持ち，2011年に本業の拠点であるホーチミン市近郊に農地獲得の機会を探し始めた。そうしてロンアン省ベンルックに候補地を見出したVHは，まず20ヘクタールの農地を購入した。そこではドラゴンフルーツ，パイナップル，サトウキビ，ライムの試験栽培を実施し，土壌条件と各作物の生産コストを比較検討した結果，最終的に同地で広く栽培されているライムを基幹作物とする基本計画を立てた。また，栽培試験と併せて，試験地の土壌分析を県の農業技術者や大学の研究者に依頼し，近辺農家の経験にも耳を傾け，同地の酸性土壌の改良方法を学んだ。

それと同時により広い農場候補地を探し始めたVHは，やがて試験地からそう離れていない場所に栽培放棄された農地を発見した。この農地の獲得のため農家との間で取得交渉を開始し2012年に最初の農地を購入して以来，それから5年をかけて150ヘクタールの農地を取得した。VHはこの農地取得のために10億円以上もの自己資金を投入している。

巨額の投資を回収するため，VHは当初から生産物の海外市場への輸出を計画した。そのため有機栽培を行うことにし，友人の栽培技術者を共同経営者として農場長に迎えている。これによって生産の目途がたったCV経営では2014年にオランダ市場に向けて最初の生果輸出に臨んだが，最終的に輸入許可が出るまでに3回の試行が必要だった。やがて供給先の獲得には成功したものの，輸出可能な一級品の生産量は総収穫量の4割程度に過ぎず，全体の4割は国内流通業者への販売になっている。さらに残りの2割は生果販売に適さない下級品であるため，これを原料にした加工品の開発が課題となった。

この課題解決のため，VHは農業大学の食品加工研究室にライム果実の加工特性や機能性成分の分析を依頼し，やがてその研究者らを加工部門の技術顧問として経営に迎え，高度な加工用機械や施設を導入整備してさまざまな試作品開発に着手した。翌2015年には完成した試作品の成分分析を国内外の検査機関に依頼し，検定証を取得して商品マーケティングの材料としてい

る。2016年にはいよいよジュースの製品生産に着手したが，これには自社生産ではなく委託製造を選択した。HACCPやハラールに対応した製造工場を委託先にすることで，徹底した製品の品質保証を重視したためである。

2017年現在，CV経営ではパッションフルーツを新規栽培作物とするため栽培試験を実施している。これは知り合いから紹介された台湾の農産物輸入業者との共同研究であり，先方が要求する水準の生産物の品質を実現できれば販売先が約束されている事業である。また，将来の経営規模拡大も前向きに考えており，これに関しては周辺のライム農家との契約栽培を構想している。

③ VHの経営管理の特徴

経営主VHは，若いにもかかわらず従業員100人以上の建設会社を経営する有能な人物である。農業参入の際には栽培作物を決定するにあたって試験栽培を行い，生産コストの試算や現地の土壌条件の検査など慎重かつ周到に準備を行っている。また，このとき，専門家の分析だけでなく，現地の生産農家の経験にも耳を傾けている点は，農業経験がないにもかかわらず高いセンスが感じられる。その一方で，VHは，参入を決定してからはきわめて多額の投資も顧みない大胆さを兼ね備えており，本業のビジネス経験がいかんなく発揮されている。

農産物にしても加工品にしても，常に消費者や取引先相手の目線での商品開発を行い，マーケティングを重視した経営管理も迅速な経営成長の要因である。そのために必要な技術的課題の改善については，栽培部門と加工部門にそれぞれ専門家を配置して改善を図っている。これによって，VH自身は長期的な経営方針の決定にかかわる財務管理や情報の収集・発信，顧客対応，将来を見据えた地域農家との関係構築など，本来の企業経営者としての役割に多くの時間を割いている。

## 3-4. 考察

### (1) チャンチャイと一般の農業経営（農家）との差異

図3-4は前項で詳述した4事例経営の経営成長の過程を整理したものである。併せてチャンチャイ育成を後押ししてきた主要な政策も表示した。これから明らかなことは，第1に，農家出自のチャンチャイ（UH経営とSD経営）の成長の開始は，組織的な政策支援が開始される以前のことであり，2つのチャンチャイが大規模経営体の形成に向けて自律的に取り組んだことである。つまり，2つのチャンチャイは大規模経営体の形成初期（創業期・成長期）において行政によるいかなる政策的支援も得ておらず，そればかりか独自の成長を通じてその後の政策対象となるチャンチャイの1つのモデルを提示したといえる。

これに対して，農外から参入したチャンチャイ（TR経営とCV経営）は，大規模経営体育成に向けた政策プログラムが一定程度明らかにされて以降の創業である。しかし，やはり行政からの特別な支援はほとんど受けておらず，むしろ行政の失態による農地取得の困難に遭遇するなど経営成長にとって足かせとなった事実すら確認された。要するに，成長するチャンチャイは，自らの創意工夫によって直面する困難を克服してきた経営である。ただし，農外から参入したチャンチャイの場合には，創業期の土地取得においてその困難解決の裏付けとなる潤沢な資金力というきわめて有利な内部経営資源があったことは指摘しておく必要がある。

こうしたチャンチャイと一般の農業経営（農家）との差異は，経営規模はもちろんのこと，何よりマネジメント内容の質的な違いに明らかである。それは，経営主の経営ビジョン・理念にも端的に表れている（後掲，表3-8）。「信頼される経営（契約の確実な履行）」（UH経営），「確かな生産技術を基盤とする経営／農業生産不適地での生産力向上と地域農民の所得向上に貢献する経営」（SD経営），「安定的な収益を確保できる経営」（TR経営，CV経営）など，成長しているチャンチャイは，一般農家の生業的な農業とは異なり，外部環境の変化に対応して農業経営をビジネス（事業）として運営する

図 3-4 4 事例経営の経営成長過程

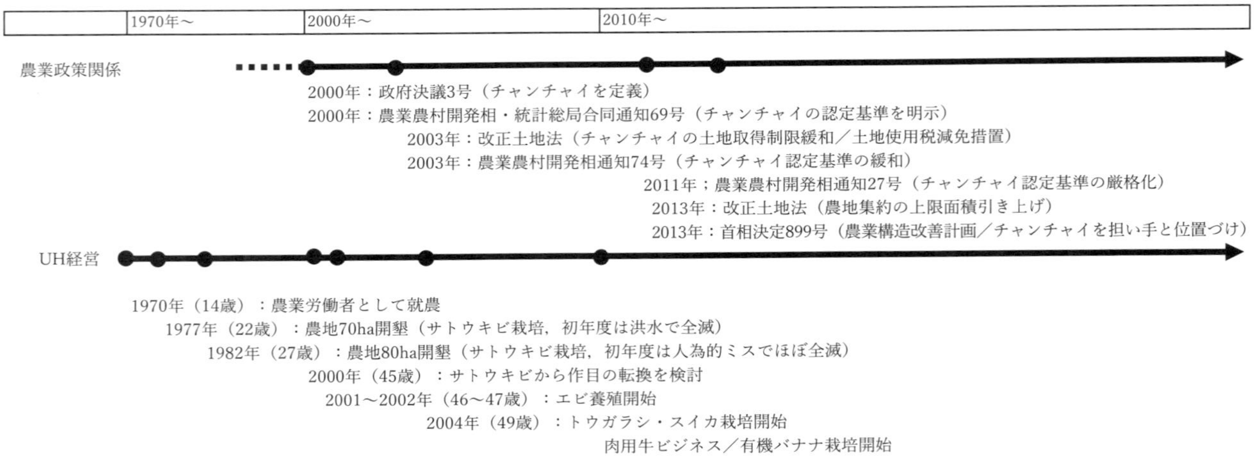

| 1970年～ | 2000年～ | 2010年～ |

農業政策関係

2000年：政府決議3号（チャンチャイを定義）
2000年：農業農村開発相・統計総局合同通知69号（チャンチャイの認定基準を明示）
2003年：改正土地法（チャンチャイの土地取得制限緩和／土地使用税減免措置）
2003年：農業農村開発相通知74号（チャンチャイ認定基準の緩和）
2011年：農業農村開発相通知27号（チャンチャイ認定基準の厳格化）
2013年：改正土地法（農地集約の上限面積引き上げ）
2013年：首相決定899号（農業構造改善計画／チャンチャイを担い手と位置づけ）

UH経営

1970年（14歳）：農業労働者として就農
1977年（22歳）：農地70ha開墾（サトウキビ栽培、初年度は洪水で全滅）
1982年（27歳）：農地80ha開墾（サトウキビ栽培、初年度は人為的ミスでほぼ全滅）
2000年（45歳）：サトウキビから作目の転換を検討
2001～2002年（46～47歳）：エビ養殖開始
2004年（49歳）：トウガラシ・スイカ栽培開始
肉用牛ビジネス／有機バナナ栽培開始

第3章 ベトナムにおける大規模農業経営の発展条件 123

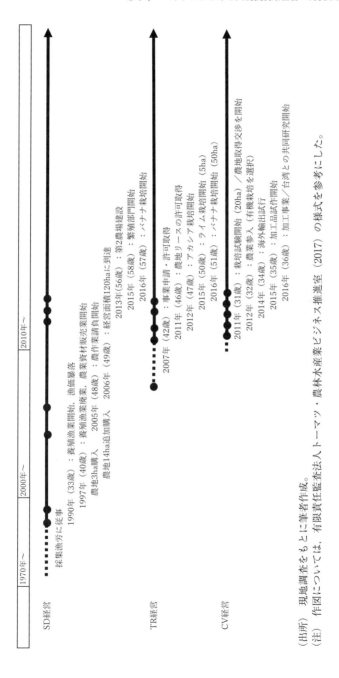

(出所) 現地調査をもとに筆者作成。
(注) 作図については、有限責任監査法人トーマツ・農林水産業ビジネス推進室 (2017) の様式を参考にした。

動機にもとづいて,経営活動を通じて社会や地域農業に貢献する存在であることを明確に意識している経営体であるといえる。

(2) 経営資源の調達と活用・管理の側面からみたチャンチャイの成長要因
　①経営資源の調達と管理

　前項において,チャンチャイは農業経営をビジネス(事業)として運営する動機にもとづいている経営体であると指摘した。これに関して,木村(2011)は「農業経営においても,事業経営であることを再確認し,農業も事業として,経営目的を実現する具体的な事業領域を決定し,経営活動を展開していかなければならない」とし,事業を「経営目的と計画に基づき,社会(市場社会)の必要性,具体的には顧客・消費者,実需者のニーズに対して,だれに,何を,どのように提供するか,を明確にして行う経営活動である」と述べている(木村 2011,81-82)。

　この指摘に従えば,4つの事例経営は,ほぼ共通して明確なビジネスモデルを確立し,将来に向けての成長戦略(課題への対応策)を明らかにして,そのための経営改善に向けた活動を行っている。表3-8にまとめた各経営の経営資源の調達と活用・管理によれば,販売ではターゲットとする顧客を特定し,固有のニーズに対応しようとしている傾向が明白である。また,生産については供給先のニーズを満たすことに配慮した作目選択と生産物の品質追求が行われていることが指摘できる。そのため情報資源の調達は顧客ニーズ対応の観点から,とりわけ技術面で研究者や専門家,あるいは直接取引先からの助言を必要としており,新規技術の開発動向に関する情報収集やその応用に積極的である。またグローバル化も,生産物の新規マーケットとしての位置づけはもちろん,競争力獲得のために必要な資源の供給元あるいは事業パートナーの探索先としてもその必要性を高めている。

　しかし,事例としたチャンチャイにはおおむね以上のような成長戦略上の共通点がある一方で,農家出自のチャンチャイ(UH経営とSD経営)と異業種から参入したチャンチャイ(TR経営とCV経営)では,経営資源の調

表3-8 チャンチャイの経営内部環境と経営戦略の分析

| | 農家からの成長 | | 異業種からの参入 | |
| --- | --- | --- | --- | --- |
| | UH経営 | SD経営 | TR経営 | CV経営 |
| 1. 経営ビジョン（理念） | ・信頼される経営（契約の確実な履行） | ・確かな生産技術を基盤とする経営<br>・農業生産不適地での生産力と地域農民の所得向上に貢献する経営 | ・安定的な収益を確保できる経営 | ・安定的な収益を確保できる経営 |
| 2. 経営資源の調達と活用・管理 | | | | |
| （土地資源） | ・未利用地の開墾・開発 | ・農家から耕作不適地購入・改良／地方政府からリース | ・省政府の入植政策を通じた未利用地の取得 | ・耕作放棄地（酸性土壌地）の取得 |
| （人的資源） | ・地域労働者・失業者の積極的雇用<br>・経営内での人材育成 | ・豊富な家族労働力／地域労働力雇用<br>・家族内部門分担制による個人能力の向上 | ・地域労働力の雇用／外国人技術者の招聘 | ・地域労働力の雇用・顧問研究者の招聘 |
| （財務資源） | ・外部企業の支援（創業期・成長期）<br>・自己資本（安定期・転換期） | ・自己資本<br>・金融機関の融資による運転資金調達（高金利が課題） | ・本業（土木建設業）からの潤沢な資金 | ・個人資産による潤沢な資金 |
| （物的資源） | ・高度な農地基盤整備への投資<br>・取引先の要求水準にあった出荷施設の整備 | ・高度な農地基盤整備への投資<br>・高度な機械化体系装備への投資 | ・機械装備など初期投資の抑制 | ・高度な加工用機械・施設装備への投資 |
| （情報資源） | ・市場需要を見極めた作物選択（成長期・転換期）<br>・土地資源の合理的利用を勘案した作物選択<br>・先進経営や研究所から生産技術習得（転換期）<br>・海外の取引相手 | ・市場需要を見極めた作物選択<br>・農業局,研究所,大学から技術習得<br>・国内取引相手（資材業者） | ・本業（土木建設業）で得た土地勘<br>・市場需要を見極めた作物選択<br>・外国人技術者からの生産技術習得<br>・研究者・ジャーナリストとの関係を通じた他のチャンチャイ経営者とのネットワーク形成 | ・試験栽培データにもとづく慎重な作物選択<br>・国内外の技術者・大学との生産技術連携<br>・省主催による海外フェアへの積極的参加 |
| 3. 販売（マーケット） | ・大都市（ホーチミン市）を含む全国市場及び海外市場がターゲット | ・地域市場（農業経営）への良質な種籾・繁殖子牛の供給 | ・海外市場がターゲット | ・海外市場を中心に,輸出規準に満たない生産物は国内市場へ供給 |

（出所）現地聴取調査（2016年12月と2017年8月）より筆者作成。

達と活用・管理において互いに異なる点も指摘できる。特に人的資源と物的資源の活用・管理面における相違が大きい。農家出自のチャンチャイは，人的資源の活用・管理において戦略的な人材育成の体制を意識的に内在させている。また，物的資源の活用・管理面では，耕種部門と畜産部門の技術合理的な結合による環境の保全・物質循環に配慮した地力維持のシステムを確立し，築堤による高度な洪水対策や用排水施設の整備（前掲，写真3-6），機械化体系の高度化，農道の整備といった長期的な土地生産性と労働生産性を向上させる要素に対する投資を充実させている。これに対して，異業種から参入したチャンチャイでは，潤沢な資金力を保有しつつもそのような長期的な観点からの投資は相対的に限定的である。

②情報資源の蓄積の課題

なぜ異業種から参入したチャンチャイは，農家出自のチャンチャイに比して，土地生産力の長期的な向上と安定に資する投資に消極的なのか。1つは，創業後まもなく，農業生産の経験が少ないことによる生産物の栽培環境整備の重要性に対する理解不足であろう。また，もう1つは，必ずしも短期的に効果が現れない投資行動への躊躇である。農業を継続して事業とする限り，地力維持システムをどう確立するかは決定的に重要であるが，このような本質は長年の学習と経験の蓄積を通じてしか得ることができず，どれほど潤沢な資金があっても簡単に手に入れられるものではない。「農業経営の成長，経営の競争力にとって，情報資源の蓄積と地力（土地資源）は基盤であり，源泉」（木村2011, 84）とされるが，既存の経営資源を有効利用し，持続的な事業成果に結びつけていくには，その出自にかかわらずチャンチャイ経営主自身によるいっそうの学習と経験の蓄積が不可欠といえよう。

(3) チャンチャイの持続性と地域社会

以上では，チャンチャイの成長要因と農業生産技術面からみた経営成長の条件について考察した。そこで次に，チャンチャイの持続性にかかわる地域

社会との関係について分析する。表3-8（前掲）に示した各チャンチャイの経営ビジョン・理念をみると，農家出自のチャンチャイでは，「信頼される経営（契約の確実な履行）」（UH経営）や「農業生産不適地での生産力と地域農民の所得向上に貢献する経営」（SD経営）というように，当該経営に関係する他者への目配りや配慮が強く意識されている。

これに対して，異業種出自の2つのチャンチャイ（TR経営，CV経営）では，いずれも「安定的な収益を確保できる」ことが経営ビジョンとして示された。むろん，安定した収益の確保はいずれの経営も追求しなくてはならない目標であるが，それはどのような目的（理念）の達成のためかということが大事である。この点，農家出自の2つのチャンチャイは，それが明快である。例えば，SD経営の事例では，畜産部門の規模拡大（増頭）にあたって地域の環境汚染源になることに慎重に配慮し，確実な対策を立てた後に実行に移していた。それにとどまらず，SD経営ではどの新規事業を導入する場合も地域農家や社会の利益に結び付くかという点が判断基準となっていた。

このことは，農村社会でチャンチャイが事業を安定的に継続していく上できわめて重要な視点を提供している。SD経営の水準にまでいかなくても，地域の雇用労働力に大きく依存するチャンチャイでは，地域の利害関係者との良好な関係構築が経営の順調な成長と持続性に直接影響を与えることになる。CV経営のように将来的に地域農家の協力によって事業の規模拡大を計画しているチャンチャイでは，特に配慮が求められる点であろう。

　　おわりに

本章のおわりに，前節までで検討してきたような「新たな経営体」の育成と定着に向けてどのような対策と支援が必要かについて筆者の考えを述べたい。

今後，チャンチャイ育成の1つの方向としては，本章の事例でも検討したような，潤沢な資本を有する非農業部門の主体が農業の後退した地域で大規模経営体を成立させる場合が考えられる。また，いま1つの方向としては，前者のような個別大規模経営体の成立条件が失われている人口稠密な農業地帯（とりわけ優良水田農業地帯）で，複数の地域農家によって形成される組織経営体を志向する場合があろう。そして，特に後者の場合には，効率的な農業経営の育成という観点からだけでなく，地域社会・農業の維持と安定という観点からも支持される方向となろう。そのためには，そうした組織経営体も単なる農家の集団ではなく，今後は高度な経営能力をもつ人材にマネジメントされる必要がある。

　したがって，そのための戦略的かつ組織的な農業人材育成策の整備が求められる。将来の地域農業のリーダーとなるべきできるだけ若い農業者の発掘とある種の認定制度にもとづく経済的支援，大学等も含む関係機関による教育・技術支援の強化，先進的チャンチャイ経営者の協力による研修機会の提供など，総合的な農業人材育成プログラムの充実が望まれる。その上で経営者の自由な意思決定が保証されるため，稲作地帯における作物選択を制限する現行の水田利用における作物選択の規制を緩和するなどの措置も重要である。

　また，高度な農業人材の養成には，事例のチャンチャイ経営者にみられた強靭な意思や挑戦力，責任感，行動力や発想力，洞察力，地域貢献に対する信念や使命感，計数・コスト感覚や大胆な決断力，協力者を惹きつける人望や人柄など，経営者としての根本的な能力開発も視野に置く必要がある。これら諸能力の開発には時間を要し，ともすれば個人の先天的な能力（資質や素養）に還元されてしまいがちである。しかし，適切な能力開発プログラムの整備に向けて鋭意取り組み，地域から農業人材を育成することは農村の持続的発展の基盤をつくることになろう。

　なお，このように考えるとき，「大資本による農業参入」（本章第2節）については，特に農地獲得やその参入条件等に関して一定の制限が課されるべ

きだと思われる。巨大資本の無制限な参入によって，地域に立脚した持続的なチャンチャイの形成が妨げられる状況は厳に回避されなければならないであろう。

〔参考文献〕

<日本語文献>
荏開津典生 1997.『農業経済学』岩波書店.
木村伸男 2011.『現代農業のマネジメント』（第2刷）日本経済評論社.
荒神衣美 2007.「ベトナム北部山地における大規模私営農場の生成」重冨真一編『グローバル化と途上国の小農』アジア経済研究所.
——— 2013.「合作社に対する政策的期待と実態——ベトナム南部果物産地の事例から」坂田正三編『高度経済成長下のベトナム農業・農村の発展』アジア経済研究所.
——— 2015a.「ベトナム農地政策の変遷」『アジ研ワールドトレンド』(233)：6-9.
——— 2015b.「ベトナム・メコンデルタにおける大規模稲作農家の形成過程」『アジア経済』56(3)：38-58.
坂田正三 2014.「ベトナムの農業機械普及における中古機械の役割」小島道一編『国際リユースと発展途上国——越境する中古品取引』アジア経済研究所.
坂田正三・荒神衣美 2014.「ベトナム農業政策に内在する矛盾——国際競争力の強化か食糧安全保障か」『農業と経済』80(2)：80-86.
長憲次 2005.『市場経済下ベトナムの農業と農村』筑波書房.
塚田和也 2013.「メコンデルタ稲作農家における機械化の進展」坂田正三編『高度経済成長下のベトナム農業・農村の発展』アジア経済研究所.
辻一成 2013.「天然ゴム生産経営と雇用労働——ビンズオン省の事例調査にもとづく分析」坂田正三編『高度経済成長下のベトナム農業・農村の発展』アジア経済研究所.
——— 2015.「大企業の農業参入と大規模稲作モデルの形成——アンザン植物防疫会社（AGPPS）の事例」『アジ研ワールドトレンド』(233)：10-13.
時子山ひろみ・荏開津典生 2008.『フードシステムの経済学』医歯薬出版株式会社.
有限責任監査法人トーマツ・農林水産業ビジネス推進室 2017.『アグリビジネス進化論』プレジデント社.

＜英語文献＞

Allen, Douglas W. and Dean Lueck 2002. *The Nature of the Farm: Contracts, Risk, and Organization in Agriculture.* Cambridge (Mass.): The MIT Press.

GSO (General Statistics Office) 2013. *Results of the 2011 Rural, Agricultural and Fishery Census.* Hanoi: Statistical Publishing House（英越併記）.

―――― 2016. *Result of the Viet Nam Household Living Standards Survey 2014.* Hanoi: Statistical Publishing House（英越併記）.

―――― 2018. *Result of the Rural Agricultural and Fishery Census 2016.* Hanoi: Statistical Publishing House（英越併記）.

Kojin, Emi 2013. "The Development of Private Farms in Vietnam." IDE Discussion Paper No.408.

＜ベトナム語文献＞

Ban chỉ đạo tổng điều tra nông thôn, nông nghiệp và thủy sản trung ương（農村・農水産業センサス中央指導委員会）2017. *Báo cáo tóm tắt kết quả chính thức tổng điều tra nông thôn, nông nghiệp và thủy sản năm 2016*（2016 年農村・農水産業センサス結果の要約レポート）(http://www.gso.gov.vn/default.aspx?tabid=512&idmid=5&ItemID=18595).

# 第4章

# タイの稲作経営と作業受委託市場

塚田　和也

## はじめに

　タイは人口の約半数が農村に居住し，就業者のおよそ4割が農業に従事している。農業経営体の大多数は農家であり，このうち約6割が稲作を行っている。かつて森林を中心とする未利用地が豊富に存在したタイでは，20世紀後半まで農地面積の拡大が続き，コメについても余剰生産力が生じた。コメは重要な輸出作目となり，1980年代以降の国際市場において，タイは最大のコメ輸出国となった。伝統的な主食であり，国際的な商品でもあるコメを生産する稲作は，農村の人々の生計を支える産業だといえる。

　一方，経済発展の過程では，都市と農村の経済格差が顕在化し，農家は政策的に保護を受ける対象となってきた。この背景には，農業の労働生産性が他産業と比較して圧倒的に低いという事実が存在する。後述するように，1990年代まで，農業の相対的な労働生産性は他産業のわずか1割前後にとどまっていた。しかし，近年，この労働生産性比率は上昇する傾向にあり，農業に変化が生じていることも示唆される。本章の目的は，稲作経営の変化と，相対的な労働生産性の上昇を関連づけて議論することにより，中所得国における農業発展パターンの1つを明らかにすることである。

　一般に，稲作を含む土地利用型農業では，経営面積の拡大が労働生産性の上昇に大きな役割を果たす。しかし，タイの稲作の経営規模分布は，過去

20年間，ほとんど変化がなく極めて安定的であった。したがって，大規模化が労働生産性の上昇をもたらす主な要因であったとはいえない。他方で，タイの稲作経営を取り巻く環境には，大きな変化を見出すこともできる。それは作業受委託市場の発展である。タイの稲作農家は，もともと農地や労働力を外部に依存する度合いが高かったものの，農業機械の普及とともに，作業受委託市場の利用がさらに拡大した。現在では，全ての作業を委託してしまう稲作農家も決して珍しくない。稲作農家は，家族労働力を用いて耕作を行う伝統的な存在から，生産要素を市場で調達しそれらを結合して生産を行う経営者に変化しつつある。

　本章は，この作業受委託市場の発展に注目する。その実態を詳細に把握するため，中部タイの事例を選定し，作業受委託の有無や取引条件を調査したところ，稲作の全ての作業に関して，作業受委託市場の存在が明らかとなった。また，農家は経営規模に応じて特定の作業に特化する傾向があり，しばしば，同じ地域の異なる農家層と相互に作業受委託の取引を行っている。これは稲作における分業を意味する。非農業へ労働力が移動するなかで，少ない労働力による効率的な生産が可能となり，地域レベルで労働生産性が上昇したものと考えられる。

　既存研究のなかには，農業機械化をともなう作業受委託市場の発展が，外部資源を多く用いる農家の有利性を高め，大規模化を促すという見方がある。しかし，タイの稲作では大規模化がほとんど生じていない。この背景には，作業受委託市場の存在によって，家族労働力が脆弱な小規模農家も温存されるという可能性が考えられる。県別データに基づく推計を行ったところ，作業受委託市場の発展は，実際に大規模農家の生産性を高めるにもかかわらず，どちらかというと小規模農家の割合を増加させることが判明した。

　本章の構成は以下の通りである。第1節では，タイの稲作経営の特徴を農業センサスに基づき記述する。第2節では，作業受委託市場の発展と地域の分業を，2008年と2017年に実施した中部タイの事例調査により明らかにする。第3節では，作業受委託市場の発展が経営規模分布に与える影響を，農

業センサスの県別データを用いて分析する。最後に，タイにおける稲作経営の変化をまとめ，その含意を論じる。

## 第1節　稲作農業の構造

　本節では，タイにおける農業の位置づけを確認したうえで，主に，農業センサスの全国データを用いて稲作の構造を概観する。

　図 4-1 は，経済全体に占める農業の比率と相対的な労働生産性の変化を，1960 年代以降について示したものである。初期時点で，経済全体に占める農業の就業者比率は，およそ 80％，GDP 比率はおよそ 35％となっており，農業が非常に大きな位置を占めていたことがわかる。GDP 比率よりも就業者比率の方が高いことは，農業の相対的な労働生産性が低いことを意味する。実際のところ，1960 年の時点で，農業の労働生産性は他産業のわずか 1 割という水準にとどまっていた。途上国では，労働生産性の低い農業に多くの就業者が存在することが，1 人当たり GDP を低水準にとどめる直接的な要因だと考えられている（Caselli 2005；Restuccia, Yang and Zhu 2008）。そのため，経済発展の過程では，農業から非農業へと労働力を再配分する必要性に加えて，農業の労働生産性を向上させることが，経済成長と国内格差の是正を両立させるうえで重要となる。

　図 4-1 によると，農業の就業者比率と GDP 比率は，1990 年代中頃まで同じペースで減少したため，相対的な労働生産性も 1 割前後で停滞したままであった。しかし，GDP 比率が 1990 年代中頃から下げ止まった反面，就業者比率はさらに減少した結果，農業の労働生産性はこの時期から相対的に上昇した。このことは，農業がより少ない労働力で，より多くの付加価値を生み出すようになったことを意味する。農業の労働生産性は依然として非農業の 3 割未満であるが，タイでも農業の労働生産性が相対的に上昇する局面に入ったことは注目に値する。こうした動向の背景にある稲作構造の変化につ

いて以下で概観する[1]。

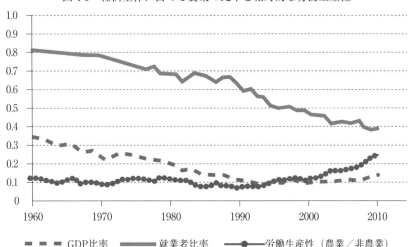

図 4-1　経済全体に占める農業の比率と相対的な労働生産性

― ― ― GDP比率　　―――― 就業者比率　　――●―― 労働生産性（農業／非農業）

（出所）GGDC 10 Sectors Database, Timmer, Vries and Vries (2015).

図 4-2 は，稲作農業の収穫面積と生産量に関する推移を示したものである。東南アジアのなかでは人口 1 人当たりの土地賦存量が比較的大きく，1970 年代まで農地の外延的拡大が可能であったタイでは，灌漑施設や改良品種の普及，さらには肥料投入の増加も相まってコメの生産量が順調に拡大した。しかし，1990 年代に入ると収穫面積の拡大はほぼ頭打ちとなり，単収の伸びが生産量の増加を支える唯一の要因となった。いずれにせよ，コメの生産量は国内消費量のおよそ 2 倍に達しており，1980 年代以降，タイは国際市場において最大のコメ輸出国となっている[2]。その意味で，経済発展の初期

---

[1] 作目別 GDP と労働生産性が得られないため，稲作の影響を評価することは難しいが，多くの労働力と農地を用いる稲作の動向は，農業全体の労働生産性の変化と密接な関係があることを想定している。
[2] タイにおける稲作農業の発展と国際市場での台頭，そして稲作農業が徐々に保護産業へ変質するプロセスを解説したものとして，重冨（2009）を参照されたい。

段階に特有な絶対的貧困やいわゆる「食料問題」が，タイではそれほど深刻でなかったといえる。

　一方，稲作農家に対する政策的な保護は強化される傾向にある。例えば，2010年代前半まで存在した籾米担保融資制度は，もともとコメの季節的な販売価格を平準化することが目的であった。しかし，徐々に，政府による実質的な最低保証価格として機能するようになり，市場価格を上回る水準での買入が，財政負担，政府在庫の増加，輸出不振，汚職の拡大などを引き起こした。買入価格が高く設定された直接的な理由は，選挙に大きな影響をもたらす農家の支持を得るためであったが，その背景に，農村と都市の経済格差という問題があったことはいうまでもない。最終的に，籾米担保融資制度は廃止され，その前後でコメの販売価格は大きく下落した。タイの農業問題は，中所得国の段階になって，国内の経済格差の問題としてはじめて顕在化したといえる。このことは，政治の介入や混乱に起因する新たなリスクを呼び込むことにもつながっている[3]。

　さて，農家の立場から労働生産性の向上を考えた場合，主な戦略としてしばしば，経営規模拡大と高付加価値化の2つが挙げられる。前者は生産量，後者は価格の上昇を通じて販売収入の増加を図るものである。しかし，穀物はマーケティングの差別化が容易でないため，後者を柱に据えた戦略は，一部の高級米に限られる。また，農家は，収穫後の籾米を直ちに精米所へ売り渡すことが一般的となっているため，流通構造の面でも農家が高付加価値化を行う余地は乏しいと考えられる。そのため，稲作では，経営規模の拡大が労働生産性の向上において重要な役割を果たすと考えられる。農家の経営面

---

[3] 図4-2では，2010年代に収穫面積と生産量の大きな落ち込みが観察される。政策の変化に伴う価格下落の影響はあるものの，直接的な理由は，干ばつによって，チャオプラヤ川流域の一部地域で乾季作が停止されたことによる。タイは農業に固有の法的または慣習的な水利権がなく，一般に，水資源に対する需要が競合した場合は，生活用水や工業用水の需要が優先される。水資源に関する部門間の競合も，農業にとって新たなリスクを生み出している。

図 4-2　稲作農業における収穫面積と生産量

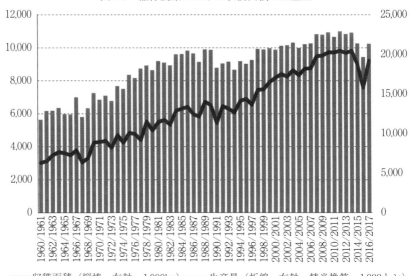

■収穫面積（縦棒，左軸，1,000ha）　━生産量（折線，右軸，精米換算，1,000トン）
（出所）　Production, Supply and Distribution online database, USDA.

積を先進国と途上国で比較すると，途上国の農家は圧倒的に小規模であることが知られており，こうした零細性が，途上国農業の労働生産性を低位にとどめる要因であることも明らかにされている（Adamopoulos and Restuccia 2014）。

　表 4-1 は，稲作農業に関して経営規模別の農家数とその比率を示したものである。ライは面積単位であり，1 ライが 0.16 ヘクタールに相当する。本章では，経営面積 10 ライ未満を小規模，10 ライ以上 40 ライ未満を中規模，40 ライ以上を大規模と定義する。この定義は便宜的なものであり，10 ライでも 1 ヘクタール以上の経営規模であるため，他の文脈では小規模といえない可能性もある。しかし，2013 年時点での平均的な経営面積は，15.6 ライ（＝約 2.5 ヘクタール）であるため，タイの稲作では相対的に小規模といえよう。

表 4-1　経営規模別の農家数とその比率（稲作）

|  | 1993 年 | 2003 年 | 2013 年 |
|---|---|---|---|
| 農家数（1,000 戸） | | | |
| 　10 ライ未満 | 1,162 | 1,225 | 1,115 |
| 　10 ライ以上 40 ライ未満 | 2,444 | 2,265 | 2,161 |
| 　40 ライ以上 | 557 | 475 | 519 |
| 　合計 | 4,163 | 3,966 | 3,794 |
| 農家数割合（%） | | | |
| 　10 ライ未満 | 27.9 | 30.9 | 29.4 |
| 　10 ライ以上 40 ライ未満 | 58.7 | 57.1 | 56.9 |
| 　40 ライ以上 | 13.4 | 12.0 | 13.7 |
| 作付面積割合（%） | | | |
| 　10 ライ未満 | 8.5 | 9.1 | 8.4 |
| 　10 ライ以上 40 ライ未満 | 58.2 | 56.1 | 55.6 |
| 　40 ライ以上 | 33.3 | 34.8 | 36.0 |

（出所）　農業センサス各年版。

　表 4-1 によると，過去 20 年間で稲作農家の数は 1 割減少している。全ての経営規模階層で農家の数が減少しており，稲作からの退出は，緩やかではあるものの，全面的に進行していることがわかる。しかし，経営規模分布の面では，驚くべきことに，過去 20 年間でほとんど顕著な変化が生じていない。経営規模別の農家数割合は極めて安定的で，大規模農家の数が相対的に増加しているとはいえない。作付面積では大規模農家の占める割合が上昇しており，大規模農家が経営面積の拡大を図る傾向は確かに存在する。しかし，それでも稲作が大規模経営へシフトしていると主張できるほどの変化ではない。小規模農家が常に一定の比重を占めている点も特徴的である。

　経営規模分布が変化していないことは，生産要素市場が不完全で経営規模が所有資源に制約されていることを意味しているのだろうか。この点を確認するため，主な生産要素のうち，農地，労働力，農業機械に関して，市場からの調達の有無を示したものが，表 4-2 と表 4-3 である。残念ながら，稲作農家だけに限定したデータを得ることはできず，全作目が対象となってい

る。そのため,稲作に関する生産要素市場の動向を,正確に把握することはできない。しかし,農地と労働力のかなりの部分は稲作に用いられているため,全作目を対象とした統計からも,稲作を取り巻く生産要素市場の状況をある程度は推測することが可能である。また,一部の農業機械に関しては,もっぱら稲作でのみ用いられるものであることに注意されたい。

表4-2 借入地および雇用労働力を利用する農家の割合(全作目)(%)

|  | 1993年 | 2003年 | 2013年 |
|---|---|---|---|
| 借入地あり |  |  |  |
| 　10ライ未満 | 17.6 | 18.2 | 15.3 |
| 　10ライ以上40ライ未満 | 23.6 | 26.4 | 22.2 |
| 　40ライ以上 | 30.5 | 41.9 | 35.9 |
| 雇用労働力あり |  |  |  |
| 　10ライ未満 | 30.9 | 40.8 | 35.7 |
| 　10ライ以上40ライ未満 | 49.6 | 65.7 | 58.2 |
| 　40ライ以上 | 67.2 | 79.4 | 72.2 |

(出所) 農業センサス各年版。

表4-2は,全農家のうち,借入地あるいは雇用労働力を利用している農家の割合を示したものである。前者は農地貸借市場,後者は労働力市場の存在を示すものである。借入地と雇用労働力の利用は,既に1990年代から広く行われており,生産要素を市場から調達する経営が特別なものではなかったことを示している。また,雇用労働力の利用は,20年間で着実に増加している。これは,すぐあとで述べるように,農業機械利用の普及とも密接に関連していると思われる。経営規模別にみると,農地や労働力を市場から調達する農家の割合は,いずれについても大規模経営ほど大きい。しかし,小規模経営であっても,一定割合の農家が借入地や雇用労働力を利用している。

表4-3は,全農家のうち,農業機械を利用している農家の割合である。残念ながら,経営規模別のデータを得ることはできなかった。農業機械には,稲作農業と関連があるものを選択した。それぞれの農業機械は,耕起,播種,

農薬散布,収穫という異なる作業に対応している。注目すべきは,農業センサスのデータから,農業機械の利用が所有によるものか,作業委託によるものかの違いを把握できることである。作業委託の場合,通常は農業機械と作業オペレータを同時に雇用し,これらにまとめて支払いをする。農業機械だけをレンタルするという形態は,滅多に存在しないといってよいだろう。

表4-3によると,農業機械は,噴霧器を除いて,所有による利用よりも作業委託を通じた利用の方が多く,その増加率をみても,作業委託の拡大が顕著である。とりわけ,大型の農業機械ではそうした傾向が強い。このことは,農業機械に自ら投資するより,作業委託を通じて農業機械サービスを購入する農家の割合が増えていることを意味する。農業機械の利用が急速に増加した時期は,コンバイン収穫機が1990年代以降,乗用型トラクターが2000年代以降である。こうした農業機械の普及を促進した制度的要因が,作業受委託市場の発展ということになる。

表4-3 農業機械の利用割合(全作目) (%)

|  | 1993年 | 2003年 | 2013年 |
| --- | --- | --- | --- |
| 乗用型トラクター | 23.5 | 25.6 | 40.5 |
| 　所有 | 2.5 | 4.9 | 5.7 |
| 　作業委託 | 21.0 | 20.7 | 34.8 |
| 播種機(動力) | na | 0.9 | 2.9 |
| 　所有 | na | 0.4 | 1.1 |
| 　作業委託 | na | 0.5 | 1.9 |
| 噴霧器(動力) | 6.2 | 13.4 | 22.6 |
| 　所有 | 4.4 | 9.4 | 14.3 |
| 　作業委託 | 1.8 | 4.0 | 8.3 |
| コンバイン収穫機 | 1.8 | 17.1 | 27.4 |
| 　所有 | 0.1 | 0.7 | 0.6 |
| 　作業委託 | 1.7 | 16.5 | 26.9 |

(出所) 農業センサス各年版。
(注) 全ての経営体のうち農業機械を利用している経営体の割合を示している。

ここまでの議論を要約すると以下のようになる。タイの農業問題は，近年，国内の経済格差の問題として大きく顕在化してきた。こうした経済格差を是正するためには，農業の労働生産性を向上させることが1つの鍵となる。この要請に応えるかのように，1990年代以降，農業の相対的な労働生産性は上昇傾向を示しており，伝統的な稲作経営にも変化が生じていることを示唆している。しかし，マクロレベルでは経営規模の拡大があまり進展しておらず，このチャネルを通じた労働生産性への影響は小さいと考えられる。ただし，生産要素市場の不完全性が，大規模化を阻害しているわけではない。むしろ，農家は農地貸借や作業受委託などを通じて，ますます，市場から生産要素を調達する経営スタイルに変化している。次節では，タイ中部の事例調査に基づいて，稲作における作業受委託市場の発展が，どのようにして労働生産性の向上と結びつくのかを論じる。


## 第2節　作業受委託市場の性質——中部タイの事例分析——

　途上国や中所得国における作業受委託市場については，政府統計に基づく情報が乏しいことから，その実態が十分に明らかになっていないことも多い。しかし，市場が発展する契機として，農村における賃金上昇と農業機械の導入が重要である，という点に関しては既存研究の見方が一致している。まず，農村賃金が上昇すると，労働力を農業機械で代替しようとする経済的な誘因が生じる。しかし，大型の農業機械は高額であるため，資金を有する一部の農家だけが農業機械に投資する。このとき，農業機械の利用には規模の経済が働くため，自らの経営農地で農業機械を利用するだけでなく，ビジネスとして作業受託を開始する[4]。そのため，作業受委託市場が発展していく過程

---

[4] 作業受託ビジネスを前提として，農業機械への投資が行われているともいえる。このとき，農業機械への投資は必ずしも大規模農家だけに限定されるわけではない（塚田 2013）。

では，地域レベルで農業機械の普及が一気に進行することになる。収穫などの労働集約的作業が機械化されると，労働生産性はそれだけで大きく向上すると考えられる。

　中国を対象とした Wang et al.（2016）の研究によると，農村における非農業賃金の上昇率が大きい地域ほど大規模農家による大型農業機械への投資が活発となり，同時にそうした地域では作業委託の需要も大きいことが判明している。中国江蘇省にて収穫作業の受託を行う事業体を調査した Yang et al.（2013）は，1990 年代に始まった作業受託が，近隣 12 省に受託範囲を拡大したプロセスを記述している。そこでは，事業体同士のネットワーク形成や政府による支援策が市場発展に貢献したことを指摘している。塚田（2013）は，ベトナムのメコンデルタ地域において，賃金の急激な上昇が生じた 2000 年代後半の数年間で，調査地域のほとんど全ての稲作農家が，作業委託を通じてコンバイン収穫機の利用を開始するにいたった状況を記述している。

　こうした既存研究の多くは，大型の農業機械，とりわけコンバイン収穫機を用いた作業受託の分析に集中している。そのため，労働力と農業機械の資源配分に関する全体像を必ずしも明らかにしているわけではない。

　そこで，本節の残りでは，地域の資源配分の全体像を明らかにする目的で，稲作の作業受託市場に関する事例調査の結果を報告する。調査地はタイ中部のサラブリ県である。サラブリ県は首都バンコクからおよそ 100 キロメートルの距離に位置し，工業化や都市化がかなり進展している。そのため，賃金の上昇圧力も強く受けており，農業機械の利用や作業受託が，相対的に進んでいる地域だと考えられる。調査はパーサック川を取水源とする灌漑プロジェクトの稲作農家を対象に実施された[5]。作業として，耕起，播種，除

---

5）パーサック川はチャオプラヤ川の支流である。調査地域では，灌漑プロジェクトの完成によって乾季作が可能となった。プロジェクトに対する稲作農家の評価は高く，水利費（電気代）の徴収率も，ほぼ 100% を維持している。基本的な作目はコメであるが，トウモロコシや野菜の作付けも一部に見られる。

草剤散布，肥料散布，殺虫剤散布，収穫の6項目を取り上げ，それぞれについて，作業委託の有無，取引条件，委託先などを調査した。

調査は2008年と2017年の2時点で実施された。2008年の調査は，水利組合の加入農家リストと農業協同組合省の登録農家リストを統合してサンプリングを行い，合計で826戸の農家を調査した[6]。この2008年の調査をベースラインとして，2017年に追加調査を実施した。2017年の調査では，ベースラインの826戸から対象を稲作農家に限定し，経営規模階層別にランダムに抽出した200戸の農家を調査した。このうち，38戸の農家は，すでに農業部門から退出しており，残り162戸の農家についてパネルデータを構築した。わずか9年間で約2割の農家が退出していることから，全国と比較しても農家数の減少ペースが速いといえる。ただし，新規参入について調査していない点は注意が必要である。

表4-4 調査農家の概要

|  | 2008年 | | 2017年 | |
| --- | --- | --- | --- | --- |
|  | 平均値 | 標準偏差 | 平均値 | 標準偏差 |
| 世帯主：年齢 | 59.6 | 12.0 | | |
| 世帯主：教育年数 | 5.1 | 3.2 | | |
| 世帯人数 | 4.3 | 1.8 | 4.3 | 1.6 |
| 農業従事者人数 | 2.1 | 0.8 | 2.1 | 0.8 |
| 非農業所得の有無（有＝1） | 0.48 | 0.50 | 0.63 | 0.48 |
| 経営農地面積（ライ） | 32.5 | 25.2 | 31.0 | 22.9 |
| 　小規模農家の割合 | 0.13 | | 0.10 | |
| 　中規模農家の割合 | 0.57 | | 0.49 | |
| 　大規模農家の割合 | 0.31 | | 0.41 | |
| 雨季収量（kg／ライ） | 632.1 | 182.1 | 750.8 | 103.6 |
| 観察数 | 200 | | 162 | |

（出所）現地調査の結果に基づく。

---

[6] 2008年の調査は，国際協力機構（JICA）が実施した灌漑に関するプロジェクト評価事業の一部である。農家のサンプリングの詳細については，Ito, Ohira and Tsukada（2016）を参照されたい。

表4-4は，調査農家の概要を記述したものである。比較のため，2008年については200戸を，2017年については稲作農業を継続している162戸について示している。世帯主の平均年齢は2008年時点でおよそ60歳であり，タイにおいても高齢化が進行している。世帯主の教育年数は，平均で5年ほどであるが，これは制度改革以前の，初等教育終了レベルに相当する。世帯サイズや農業従事者数に大きな変化はない。ただし，非農業所得を有する農家の割合は，この9年間で顕著に増加した。すでに2008年の時点で，約半数が兼業農家であったものの，2017年にはその割合が6割を超えた。農業から退出した農家が2割ほど存在することを考えると，この地域では，世帯収入を農業に依存する度合いが確実に低下していることがわかる。平均的な経営面積はやや減少している反面，40ライ以上の大規模農家の割合は増加している。そのため，調査地域では稲作が大規模化の方向へシフトする兆候が見受けられる。経営規模の変化については，本節の最後で再び議論する。

調査地域における稲作は，基本的に全てが機械化されている。耕起や収穫といった大型農業機械を用いる作業はもちろんのこと，播種，除草剤散布，肥料散布，殺虫剤散布などの作業も，動力を備えた小型農業機械を用いることが一般的である。農家には，農業機械を所有して自ら作業を行うか，外部に作業委託するかという選択があり，後者の場合では通常，作業を受託する農家や事業体が農業機械を所有している。作業委託の料金は，作業面積に応じて決定されており，時間給や日給は観察されなかった。

表4-5　作業委託を行っている農家の割合：全体

| 農作業項目 | 作業委託あり | |
|---|---|---|
| | 2008年 | 2017年 |
| 耕起 | 0.63 | 0.63 |
| 播種 | 0.37 | 0.67 |
| 除草剤散布 | 0.24 | 0.73 |
| 肥料散布 | 0.42 | 0.62 |
| 殺虫剤散布 | 0.35 | 0.65 |
| 収穫 | 0.93 | 0.99 |

（出所）　現地調査の結果に基づく。

表4-5は，作業委託を行っている農家の比率を示したものである。2017年については稲作を継続している農家だけが対象である。まず，収穫については，2008年時点でほぼ全ての農家が作業委託を実施しており，早い段階で市場が発展していたことを確認できる。耕起についても，2008年時点で6割以上が作業委託を実施しているが，その割合は2時点間で変化していない。ただし，後述するように，経営規模別にその割合を見ると大きな変化が認められる。2時点間で作業委託の実施が大きく増加した作業は，播種，除草剤散布，肥料散布，殺虫剤散布など，どちらかといえば労働集約的な作業である。以前はそれぞれの農家が家族労働力を用いて行っていた作業を，近年では作業委託するようになったことがわかる。

収穫や耕起の作業には，コンバイン収穫機や乗用型トラクターといった大型の農業機械が用いられる。そのため，作業受託をする主体も，相対的に裕福な大規模農家や作業受託ビジネスに特化した専門事業体であるケースが多い。一方，その他の作業には小型の農業機械が用いられる。こうした作業を受託するのは，小規模農家であることが多い。現地のインタビュー調査によると，通常は5名程度からなるグループを形成し，作業を組織的に受託することが多いという。このことは，作業の種類によって，委託者と受託者の特性が異なる可能性を示している。

作業受委託の市場がどのように変化しているかを，より詳細に把握するため，図4-3では小規模農家，中規模農家，大規模農家のそれぞれについて，作業委託を行っている農家の割合を示した。ただし，2時点で経営規模が変化している農家が存在するため，ある農家が2時点で同一の経営規模区分に属しているわけではない点に注意が必要である。

図4-3からは，作業受委託市場の特徴的な変化を観察することができる。注目すべきは，耕起に関する作業委託の実施パターンである。耕起については，もともと小規模農家が作業委託を行う割合が高かった。これは，大型の乗用型トラクターに投資する能力の乏しい小規模農家が，外部に作業委託するということであり，容易に理解できる。逆に，大規模農家では乗用型トラ

図 4-3　作業委託を行っている農家の割合：経営規模別

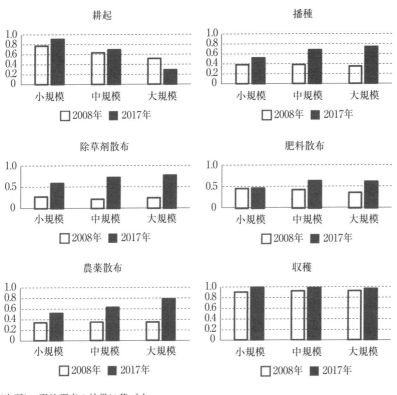

（出所）　現地調査の結果に基づく。

クターを所有している農家割合が高いということがいえる。2時点間の変化を見ていくと，小規模農家や中規模農家が作業委託の利用を高めている反面，大規模農家では作業委託を行う農家の割合がかなり低下している。これは，大規模農家が一層の農業機械投資を行ったためだと考えられる。

　一方，耕起を除く作業については，2008年時点で経営規模による作業委託の利用にそれほど大きな違いは存在しなかった。しかし，2017年になって，これらの作業委託を大きく増加させたのは中規模農家や大規模農家であり，小規模農家の変化は相対的に小幅なものにとどまっている。

表4-6 農業サービスの価格と供給主体の所在地

| | 価格[1] | 標準偏差 | 村内 | タンボン内[2] | 郡内 | 県内 | 県外 |
|---|---|---|---|---|---|---|---|
| 耕起 | 255.9 | 35.9 | 0.78 | 0.14 | 0.06 | 0.02 | - |
| 播種 | 69.6 | 2.8 | 0.72 | 0.18 | 0.05 | 0.05 | - |
| 除草剤散布 | 69.5 | 2.2 | 0.69 | 0.19 | 0.05 | 0.06 | - |
| 肥料散布 | 69.4 | 2.4 | 0.73 | 0.16 | 0.05 | 0.06 | - |
| 農薬散布 | 69.5 | 2.2 | 0.70 | 0.18 | 0.05 | 0.06 | - |
| 収穫 | 497.7 | 40.7 | 0.29 | 0.10 | 0.07 | 0.09 | 0.46 |

(出所) 現地調査の結果に基づく。
(注) 1) 価格は1ライ当たりタイバーツの料金である。
2) 所在地のうち，タンボンは郡の下にあるタイの行政区分である。

　以上をまとめると，それぞれの農家は，作業委託への依存度を平均的かつ一様に高めているというより，自らが行う作業を選別してこれに特化し，他の作業を外部に委託するという行動戦略にしたがっていると考えられる。さらに，特化する作業は経営規模によって異なり，大規模経営では大型の農業機械を用いる作業，小規模経営では小型の農業機械と労働力を集約的に用いる作業，という分業の傾向が観察される。こうした地域内の分業は作業受委託市場の需要主体と供給主体の区別に対応している。

　地域内の分業をさらに詳しく確認するため，作業受託者の所在地を示したのが，表4-6である。表4-6によると，収穫を除く全ての作業で，圧倒的な割合を占めているのは同一村内というものである。つまり，作業受委託市場における需要主体と供給主体は，ともに近接した範囲に居住していることになる。前述の農作業の特化のパターンを考慮すれば，耕起については大規模農家が同一村内の小規模農家のために作業を行い，収穫を除くその他の農作業は，小規模農家が大規模農家に対して作業を行う構図となっている[7]。もちろん，作業受委託市場の範囲は村内に限定されるものではなく，適当な

---

7) もちろん，全ての大規模農家が耕起の作業受託を行っているわけではないし，全ての小規模農家が播種などの作業受託を行っているわけではない。ここでいう分業とは，厳密な意味ではなく，あくまで傾向的な特徴を表現したものである。

供給主体が存在しなければ遠方の供給主体に委託することも可能である。収穫作業では，県外の供給主体に委託することがむしろ支配的であり，規模の経済がとりわけ強く働くコンバイン収穫機の利用は，広域的な作業受委託市場の成立を前提としたものになっている。こうした市場での価格設定は極めて競争的だと考えられる。作業料金の標準偏差は極めて小さく，供給主体による差がほとんど存在しない。これは，村内での取引を主としつつも，さまざまな地理的範囲に取引相手のオプションが存在することによるものだと考えられる。

表4-7　個別農家の経営規模の変化

(%)

|  |  | 2017年 | | | |
| --- | --- | --- | --- | --- | --- |
|  |  | 10ライ未満 | 40ライ未満 | 40ライ以上 | 退出 |
| 2008年 | 10ライ未満 | 42.9 | 28.6 | 4.8 | 23.8 |
|  | 40ライ未満 | 5.9 | 62.7 | 11.8 | 19.6 |
|  | 40ライ以上 | 6.5 | 36.4 | 40.3 | 16.9 |

(出所)　現地調査の結果に基づく。
(注)　表の数値は，2008年の各経営規模に属する農家のうち，2017年に観察された各経営規模（および退出）に属する農家の割合である。

最後に，2時点における経営規模の変化を，農家レベルで見ていこう。表4-7は，2008年と2017年で，農家がどのように経営規模を変化させたかをまとめたものである。例えば2008年に10ライ未満の小規模経営だった農家のうち，42.9％は2017年にも小規模である一方，28.6％が中規模へ，4.8％が大規模へ規模拡大を図ったことがわかる。同時に，小規模だった農家の23.8％は農業から退出している。

表4-7から，いくつかの重要な点を確認することができる。第1に，小規模農家の一部で経営規模を拡大する動きがある反面，大規模農家の一部は経営面積を縮小している。これに対して，中規模農家の経営面積は比較的安定している。第2に，農業から退出する農家の割合は，小規模農家で一番高いものの，中規模農家や大規模農家でもいきなり退出する事例がかなり存在

することがわかる。これらの結果は，マクロレベルで見た経営規模分布の安定性とはやや対照的であるといえよう。農家レベルでは経営規模の変化がかなり頻繁に生じており，経営面積の拡大と縮小が同じ地域の中で観察される。そのため，労働力や農業機械に加えて，農地についても地域内で活発に取引がなされており，生産要素市場が十分に発展していると考えられる。

本節の内容をまとめると以下のようになる。第1に，作業受委託市場はそれぞれの作業について別々に存在し，作業受託者の特性も各作業で異なる。これは，日本のように稲作の全作業をパッケージとして受託する農家や事業体が存在しないことを意味する。

第2に，作業受委託市場では，同じ地域の異なる農家が，相互に作業を委託したり受託したりする主体となりうる。典型的には，大規模農家は大型の農業機械を用いる耕起などの作業を受託し，同時に，小規模農家に対して播種，除草剤散布，肥料散布，殺虫剤散布などの作業を委託する。すなわち，資本と労働の賦存量に応じた特化と分業の傾向が観察される。

第3に，作業受委託市場は地理的に重層的であり競争的である。収穫については，同一村内にコンバイン収穫機を所有する農家がいれば作業委託するが，存在しなければ県外の供給主体に委託できる。こうした広域的に活動する供給主体は，他の作業についても同様に存在し，各地域の作業委託に関する需給を調整しつつ，価格裁定を行う機能も有していると考えられる。したがって，作業委託の料金は，同一地域ではほぼ同一の価格が成り立っている。

第4に，農家レベルでは，経営規模の変更が頻繁に生じており，農業から退出する農家も存在する。しかし，残された資源が一部の大規模農家に集積されているわけではない。実態としては，さまざまな経営規模の農家が存在し，作業受委託市場を通じた分業によって労働力や農業機械利用の効率化を図っている。こうしたことが，地域レベルで稲作の労働生産性の上昇に寄与しているものと考えられる。

## 第3節　作業受委託市場の発展と経営規模分布
　　　　――県別データの分析――

　既存研究では，農業機械化をともなう作業受委託市場の発展が，大規模経営の相対的な有利性を高め，大規模化を促進するという見方を示している。しかし，タイでは個別農家が頻繁に経営規模を変化させているにもかかわらず，マクロレベルでは経営規模分布が全くといってよいほど変化していない。なぜであろうか。本節では，既存研究の検討と，農業センサスの県別データを用いた分析により，この点を議論したい。

　農家の経営体としての特徴は，農作業の多くをもっぱら家族労働力に依存してきた点にある。同時に，農家の存立自体も，家族労働力が雇用労働力に対して有する優位性に起因すると考えられてきた。雇用労働力を監視することが困難な状況では，情報の非対称性によるモラルハザードが生じる。これに対して，家族労働力にはインセンティブ上の問題が発生しない。したがって，家族労働力で耕作可能な範囲を超えて経営規模の拡大を図ろうとすれば，平均的な労働効率は低下することになる。労働市場における情報の非対称性に加えて，農地市場に不完全性が存在する場合は，経営規模と土地生産性の間に逆相関関係が生じることも知られている（Feder 1985）。そのため，単位面積当たり生産量の最大化という観点では，家族労働力に依存した小規模経営が正当化されることになる。

　小規模経営の優位性が解消される1つの契機になると考えられるのが，経済発展による賃金の上昇とそれにともなう労働と資本の代替，すなわち農業機械化である。農業機械の利用は雇用労働力への依存度を低下させるため，情報の非対称性によるモラルハザードを回避することができる。また，投資の収益性は農業機械の稼働率に依存するため，機械を所有して自ら利用する場合，そもそも農業機械化と大規模経営は補完的となる。いずれの議論も，農業機械化により大規模経営が有利になる可能性を示唆するものである。

　これに対して，作業受委託市場の発展がもたらす影響はやや曖昧である。

作業受委託を通じて農業機械を利用できる場合，機械所有の有無や経営規模の大小にかかわらず，全ての農家が農業機械利用の機会を得られる。また，受託農家や専門事業体は特定作業に集中的な経験を積むため，均一で高い作業効率を保証できる。したがって，高齢化や兼業化などによって家族労働力の質が脆弱となった農家でも，経営の持続が可能となり，小規模農家を温存する方向に作用するかもしれない。

作業受委託市場がもたらす影響については，まず，土地生産性への影響に着目した実証研究が存在する。前述のように，生産要素市場に不完全性が存在する場合は，経営規模と土地生産性の間に逆相関関係が生じる。しかし，この逆相関関係は，作業受委託を通じた農業機械の普及で弱まると予想される。Liu, Violette and Barrett (2016) は，ベトナムにおける全国レベルの農家データを用いて逆相関関係を検証し，期間を経るにつれて逆相関関係が弱くなっていることを確認した。また，この傾向は，農業労働賃金が高い地域ほど顕著であることも明らかになった。このことは，賃金上昇による農業機械利用の進展が，大規模経営の不利性を緩和したことを示唆している。Deininger et al. (2016) では，インドにおける農家パネルデータを用いて，逆相関関係の存在を検証している。分析結果は，期間を経るにつれて逆相関関係が弱まるという同様の傾向を示すものであった。

逆相関関係に着目している既存研究は，一方で経営規模分布の変化にはあまり着目していない。これは，逆相関関係の存在が農地市場の不完全性を想定した議論であり，極端なケースとして経営規模を所与とした方が分析を単純化できるためである。しかし，タイを含む多くの中所得国では，農地（貸借）市場がかなりの程度機能している。

経営規模分布への影響を論じた実証研究は必ずしも多くないが，数少ない例外としては Yamauchi (2016) がある。この研究では，インドネシアの全国レベルの農家パネルデータに基づき，まず労働賃金の上昇と作業受委託を通じた農業機械利用に正の相関があることを確認している。そして，労働賃金の上昇が大きい地域では，大規模農家の経営面積がより大きくなるという

結果を得た。これは，農業機械利用が大規模経営の不利性を緩和するという予想と整合的である。ただし，同研究では，中規模農家の経営面積は減少し，小規模農家の経営面積は変化しないなど，作業受委託の影響が決して単純なものではないことを示している。また，借入地面積の変化と労働賃金の上昇には相関がないなど，決して明瞭な関係が得られているわけではない。

そこで，本節の残りでは，作業受委託市場の発展が，大規模農家の割合や土地生産性にどのような影響を与えるか，2003年と2013年の農業センサスにおける県別データを用いて検証する。既存研究にならって，県レベルで定められる最低賃金の水準を，作業受委託市場の発展を左右する変数とし，以下の式を推計する。

$$\Delta y_i = \alpha + \beta_1 \Delta w_i + \beta_2 \Delta w_i \cdot L_{i,2003} + \beta_3 L_{i,2003} + u_j + \varepsilon_i$$

$\Delta y_i$ は被説明変数であり，(1) 大規模農家の土地生産性比率（小規模農家の土地生産性を1とした場合の比率），(2) 小規模農家の割合，(3) 大規模農家の割合，のそれぞれについて2013年と2003年の差分をとったものである。添え字の $i$ は県を意味する。$\Delta w_i$ は県最低賃金の変化であり，この係数がもっとも関心のあるパラメータである。ただし，作業受委託市場の影響は，農地市場の存在にも影響を受けることを考慮し，$L_{i,2003}$ との交差項を推計式に含めた。$L_{i,2003}$ は，全農地面積のうち正式な土地権利証書（チャノート）あるいは，これと同等の権利を付与されている農地面積の割合であり，2003年時点での数値を採用した。$u_j$ は地域ダミー（中部を残余カテゴリとして，北部，東北部，南部の3つ）であり，$\varepsilon_i$ は誤差項である。

農地貸借市場の存在，あるいはその効率性に影響をおよぼす変数として，土地所有権の交付割合を用いることは標準的である。正式な土地所有権の存在は，農地貸借の取引費用を大きく低下させると考えられる。また，土地権利証書がある場合はバンコクなど都市部に居住する非農家が農地を購入して不在地主となることも可能となる。基本的に不在地主は農地を貸し出すため，

こうしたルートを通じても農地貸借市場での取引が増加しやすいといえる。土地権利証書の交付事業が大規模に開始されたのは20世紀後半であり、開始の時期や事業のスピードには地域間で大きな差異がある。そのため、分析期間中に関しても地域間の交付割合にはバリエーションが存在する。

1993年の農業センサスでは、経営規模別単収や土地利用権証書の交付割合を県別に得ることができないため、分析期間から除外せざるを得なかった。推計に用いた県は、稲作がほとんど行われていない県や、一部データが欠損している県を除いた59県である。

表4-8は、分析に用いた県別データの記述統計量を示したものである。大規模農家の割合については、やはり2003年と2013年であまり変化していない。一方、小規模農家を基準として大規模農家の土地生産性を見ると、2013年には相対的に上昇していることがわかる。これが作業受委託市場の発展に起因するものかを確認することが1つの焦点となる。

表4-8 県別データの記述統計量

|  | 2003年 | | 2013年 | |
| --- | --- | --- | --- | --- |
|  | 平均 | 標準偏差 | 平均 | 標準偏差 |
| 大規模農家：戸数割合 | 0.17 | 0.12 | 0.16 | 0.10 |
| 大規模農家：土地生産性比率 | 0.92 | 0.13 | 1.02 | 0.08 |
| 最低賃金（バーツ／日） | 137.7 | 9.2 | 244.4 | 19.5 |
| 土地利用権証書の交付面積割合 | 0.64 | 0.21 | 0.69 | 0.19 |

（出所）農業センサス各年版。
（注）土地生産性比率は、小規模農家の土地生産性を1とした場合の比率である。

表4-9は、推計結果を示したものである。土地生産性比率に関しては、既存研究と整合的な結果が得られた。すなわち、賃金の上昇にともなう農業機械化と作業受委託市場の発展は、大規模農家の土地生産性を相対的に上昇させることが示された。しかし、この影響は農地貸借市場が効率的であるほど小さくなる。これは、交差項の係数が有意に負であることから確認できる。交差項の係数が負である理由は、農地貸借市場が完全な場合、モラルハザー

ドが存在するか否かを問わず，土地生産性は全ての経営規模で均等化するためだと考えられる。いずれにせよ，作業受委託市場の発展は，土地生産性の面からみると，大規模農家の相対的な有利性を増すといえる。

表4-9 農業サービス市場の影響：土地生産性格差

|  | (1) 土地生産性比率 | (2) 小規模農家の戸数割合 | (3) 大規模農家の戸数割合 |
|---|---|---|---|
| 賃金 | 0.022 (0.006)*** | 0.005 (0.003)* | -0.003 (0.002) |
| 土地利用権 | 2.576 (0.849)*** | 0.553 (0.348) | -0.265 (0.296) |
| 賃金×土地利用権 | -0.025 (0.008)*** | -0.005 (0.003)* | 0.002 (0.003) |
| 北部ダミー | 0.129 (0.074)* | -0.043 (0.030) | -0.004 (0.026) |
| 東北部ダミー | 0.088 (0.059) | 0.015 (0.024) | 0.009 (0.020) |
| 南部ダミー | -0.021 (0.063) | 0.072 (0.026)*** | -0.027 (0.022) |
| 観察数 | 59 | 59 | 59 |
| 自由度修正済み決定係数 | 0.18 | 0.37 | 0.25 |

(出所) 筆者の推計による。
(注) 被説明変数はいずれも2013年と2003年の差分であり，(1)は土地生産性比率，(2)は小規模（10ライ未満）農家の割合，(3)が大規模（40ライ以上）農家の割合に関するものである。かっこ内は標準誤差であり，***，**，*は，それぞれ1％，5％，10％水準で係数が0と有意に異なることを表す。

一方，作業受委託市場の発展は，小規模農家や大規模農家の戸数割合にほとんど有意な影響をおよぼしていない。どちらかといえば，わずかに小規模農家の割合を高める方向に作用している。大規模農家の土地生産性が相対的に高まっているにもかかわらず，こうした結果が得られる理由はなぜであろうか。1つには，稲作経営を取り巻く自然条件や政治的リスクの大きさを考慮すれば，極端な大規模化がそこまで魅力的でないという理由が考えられる。しかし，作業受委託市場の発展が小規模農家の割合を増加させる傾向にあるという結果を踏まえると，小規模経営の持続がより容易になったことが，やはり最大の理由だと考えられる。重要な点は，作業受委託市場の存在により，小規模農家の経営が非効率になる可能性はそれほど大きくないということである。これは，ほぼ全ての作業を外部に委託することで，地域の平均的な作

業効率を達成できるためである．その意味で，作業受委託市場の発展は，農家レベルの大規模化を必ずしも必要とせずに，地域レベルの平均的な労働生産性を上昇させる大きな変革だといえる．


　　おわりに

　タイの稲作では，農家が市場で生産要素を調達し，外部資源を結合して生産を行う経営のあり方が一般的となっている．こうした変化は，農業機械化と作業受委託市場の発展に起因するものであり，程度の差はあれ多くの途上国や中所得国で観察される状況である．
　作業受委託市場の発展は，農家単位で見ると外部資源の活用であるが，地域単位で見ると，異なる農家間における資源の効率的な配分と見なすことができる．それぞれの農家が相対的に豊富に保有する資源を「市場」に供給しあうことで，資源が効率的に利用され，また分業を通じた経験の蓄積が促進される．その意味で，農家が家族労働力を用いてほぼ全ての農作業を行う伝統的な経営からはかなり乖離してきたといえよう．もちろん，作業時期や技術の決定，水管理，さまざまなリスクへの対処など，農家が行うべき個別の経営判断は多く残されている．しかし，経営の重点は，農地の確保を含め，いかに市場取引を円滑に進めるかという課題への対処に移行しつつある．
　本章で論じた稲作経営の変化は，必ずしも先進的な個別経営の成長を記述したものではない．むしろ，生産要素市場の変化を介した，地域レベルの変化である．中所得国の段階では，農業から非農業へ積極的に労働力を移動させつつ，同時に農業の労働生産性を上昇させていくことが，国内の経済格差の問題に対処するために重要となる．タイの稲作経営における変化の方向性は，中所得国の段階においてありうべき農業発展パターンの1つと考えられる．

〔参考文献〕

<日本語文献>

重冨真一 2009.「第3章 タイ——コメ輸出産業化の舞台裏」重冨真一・久保研介・塚田和也『アジア・コメ輸出大国と世界食糧危機』アジア経済研究所.

塚田和也 2013.「第2章 メコンデルタ稲作農家における機械化の進展」坂田正三編『高度経済成長下のベトナム農業・農村の発展』アジア経済研究所.

<英語文献>

Adamopoulos, T. and D. Restuccia 2014. "The Size Distribution of Farms and International Productivity Differences." *American Economic Review* 104(6): 1667-1697.

Caselli, F. 2005. "Accounting for Cross-Country Income Differences." In *Handbook of Economic Growth*, edited by Philippe Aghion and Stephen Durlauf. Amsterdam: Elsevier, North-Holland.

Deininger, K., S. Jin., Y. Liu and S.-K Singh 2016. "Can Labor Market Imperfections Explain Changes in the Inverse Farm Size-Productivity Relationship?" Policy Research Working Paper 7783. World Bank.

Feder, G. 1985. "The Relation between Farm Size and Farm Productivity: The Role of Family Labor, Supervision and Credit Constraints." *Journal of Development Economics* 18(2-3): 297-313.

Ito, S., S. Ohira and K. Tsukada 2016. "Impacts of Tertiary Canal Irrigation: Impact Evaluation of an Infrastructure Project." IDE Discussion Paper No. 596.

Liu, Y., W. Violette and C.-B. Barrett 2016. "Structural Transformation and Intertemporal Evolution of Real Wages, Machine Use, and Farm Size-Productivity Relationship in Vietnam." IFPRI Discussion Paper 01525. IFPRI.

Restuccia, D., D. T. Yang and X. Zhu 2008. "Agriculture and Aggregate Productivity: A Quantitative Cross-Country Analysis." *Journal of Monetary Economics* 55(2): 234–250.

Timmer, M. P., G. I. de Vries and K. de Vries 2015. "Patterns of Structural Change in Developing Countries." In *Handbook of Industry and Development*, edited by J. Weiss and M. Tribe. Routledge.

Wang, X., F. Yamauchi, K. Otsuka and J. Huang 2016. "Wage Growth,

Landholdings, and Mechanization in Chinese Agriculture." *World Development* (86): 30-45.

Yamauchi, F. 2016. "Rising Real Wages Mechanization and Growing Advantage of Large Farms: Evidence from Indonesia." *Food Policy* (58): 62-69.

Yang, J., Z. Huang, X. Zhang and T. Reardon 2013. "The Rapid Rise of Cross-Regional Agricultural Mechanization Services in China." *American Journal of Agricultural Economics* (95): 1245-1251.

# 第5章

# 「勘と経験」と「知識と技術」の交わるところ
――メキシコにおける輸出向け蔬菜生産企業の挑戦――

谷　洋之

## はじめに

　メキシコでは，1980年代半ば以降，経済政策が新自由主義的色彩を強く帯び，この傾向は，1994年の北米自由貿易協定（NAFTA）発効で固定化されることになった。そうした中で，農業部門においても政府の役割が縮小するとともに，新たな経済環境および制度的枠組みに適応しようとする行動主体が登場した。具体的に言えば，農業部門に対する農外からの新規参入企業であったり，既存の農業生産者が企業化した株式会社や農業生産法人であったり，それら企業を支援しようとする業界団体であったりといった存在である。結論を先取りするならば，伝統的な農家・農民が「勘と経験」を用いて耕作を行い，できたものを出荷すると目されてきたのをよそに，彼らは，公教育や同業者との交流を通じて学んだ，あるいはサプライヤーやバイヤーなど取引先やコンサルタントなどから得た知識を組み合わせながら，市場に現れたニーズを生産に結びつけている。本章は，こうした新たなタイプの先駆的な行動主体がどのような背景の下で自己変革し，どのような論理でもって行動しているのか，具体的な事例を通じてその一端を概観しようとするものである。

　本章では，メキシコの農業部門のうち，蔬菜・果実類を取り上げる。蔬菜・

果実類は，収穫面積や生産量を基準にした場合には，必ずしもメキシコ農業部門を代表するようには見えないかもしれない。しかしそれは，特に1990年代以降，同国の主要輸出品として重要な地位を占めるに至っており，北米地域内，特に米国ではメキシコからの供給がなければ市場が成り立たなくなっているという実態も生まれている。そのような事実を踏まえ，NAFTA発効後に大きな変貌を遂げ，企業的に生産・販売を行う行動主体に着目する。そうした主体の動向を分析することは，世界的な食料供給の将来を占うためばかりでなく，わが国でもさまざまな地域で発展が見られつつある蔬菜・果実類生産企業との比較事例としても意義があると考えられる。

　そのためにまず第1節では，1980年代の制度変更の前後でメキシコの農業部門を取り巻く経済的・政策的環境がどのように変化したのかを概観する。次いで第2節では，蔬菜・果実類生産部門において見られた変化を，まずマクロ的な生産・輸出動向について，次いで生産者が需要者として立ち現れる生産技術や投入財市場の動向について検討することにする。これらを踏まえ第3節では，1990年代に企業化した蔬菜生産者の2事例と新たな経済環境の下で企業的生産者を支援しようとする業界団体の事例を紹介する。最後に，この時期にメキシコ農業部門において見られた諸変化を概括し，それを評価して本章を結ぶことにする。


## 第1節　メキシコ農業を取り巻く経済的・政策的環境の変化

　メキシコの経済は，1980年代半ばから1990年代にかけて，大きな転機を迎えた。1910年に勃発したメキシコ革命の後継者を標榜する歴代政権の下，輸入代替工業化を軸に介入主義的な手法で，いわば「大きな政府」主導で経済開発が図られるスタイルから，市場メカニズムの活用を旨とした新自由主義的な政策スタンスへと，その変化は正反対のベクトルをもつものとして総括することができよう。当然のことながら，農業部門も経済全体の激変の中

第 5 章　「勘と経験」と「知識と技術」の交わるところ　159

で大きな変化を経験することになった。

　その変化そのものを見る前に，革命から 1980 年代までのメキシコ農業像を簡単に素描しておこう。この時期において，メキシコの農業政策は，「建前」としては自作農主義をとっていた。農地改革について規定していた 1917 年憲法第 27 条では，100 ヘクタール（灌漑地換算）を超える農地は接収の対象となる可能性があり，また接収された農地は 1 世帯当たり 10 ヘクタール（同）の規模で分配されることとされていたからである。しかし実際には，農地改革はごく一部の時期（1930 年代後半および 1970 年代初頭）を除けば遅々として進まなかったし，特に人口密度の高い国土の南半ではたとえ農地改革が行われたとしても，規定の面積にはまったく届かない規模での分配にとどまったといわれる。また，1940 年代以降，輸出向けの商品作物を生産する農地については，上記の規定の 3 倍にも及ぶ規模の所有が合法化されるなど，特に国土の北半では商業的農業が大きく発展していた。

　こうした状況は，メキシコ農業の「二重構造」（石井 1986, 29-41）としてつとに知られている。この時期の農業政策としては，法的な「建前」とは裏腹に，商業的農業が優越する北西部を中心とした地域における大規模灌漑施設（ダムおよび農業用水路）の建設に力がそそがれていた。他方，土地の起伏が激しく，わずかな地下水を除けば天水による以外の灌水が望めなかった国土の南半においては，自家消費を基本とした小規模・零細規模の農民が「農業生産者」の大半であった。

　南部の農業生産者，否，農民にとっては，農地ないし生産規模の拡大は，憲法・農地法の規定からいっても，また彼らが成員となっている共同体の慣習からいっても，不可能または困難であった。彼らが生産を行う目的は，彼ら自身の心性を考え合わせると，あくまでも「これまで通り村落の生活をつつがなく維持・存続させること」だったからである。彼らにとって，新たな品目の導入や耕作方法の改善といったリスクを取って所得ないし収益の拡大を図るということは，不可能であったというよりも，考えの範疇の外にあったし，そこで用いられる技術は，種子等も含め，多くの場合，先祖伝来のも

のであった。典型的に伝統が, すなわち「勘と経験」が, 支配する世界であった。

こうした農民を支援するとして, 国営企業・政府機関は, 保証価格による主要作物の買い上げ, 農業技術の普及, 種子や肥料など投入財の製造と補助金付きの販売など, 一連の政策を行ってはいた。しかし, それらは農民のニーズを反映したものでもなく, また必ずしも体系的なものと言えなかったばかりでなく, むしろ国営企業・政府機関の担当者と地方政治家, そして村落有力者との間でしばしば癒着を生み, 腐敗の温床となっていたとも言われる。このことが革命の後継者たる支配政党（制度的革命党, PRI）と連邦・州・市町村各レベルでの政府とが一体となった, いわゆる「PRI体制」の権力構造の基盤にあったわけで, 農業・農村問題の根深さを物語っているが, 次段から述べる政策転換は, 特に地方におけるこうした旧来の権力構造を破壊する目的も帯びていたと解釈できるのである。

さて, 1980年代半ばから適用されていった一連の政策転換は, 表5-1に要約されているとおりである。具体的に列挙するならば, ①累積した対外債務を返済し, またマクロ経済安定化を図るため財政赤字を削減すること, ②国営企業（表5-1中のCONASUPO, PRONASE, FERTIMEX, BANRURALなど）を解体・民営化すること, ③農業生産主体が市場メカニズムを活用できるよう, それを支援する制度や組織（表5-1中のASERCA, Financiera Ruralなど）を設置すること, ④農地所有権を確実なものとすることによって投資を促すとともに, その流動化をも図ること, そして⑤貿易を自由化すること, であった。なお, 表中各項末尾の丸数字は, 上記5項目に対応させてある。

では, これらの諸政策は, 農業部門の動向にどのように作用したのであろうか。以下, 主に既存文献によりながら, その模様を確認していきたい。

①財政赤字削減に関しては, ②国営企業民営化および③新制度・組織の設置と密接に関係しているので, 合わせて論じることにしよう。端的に言えば, それは農業部門および食料供給に対して付与されていた補助金をカットしたり, そのターゲット化を行ったりすることによって, 財政負担を軽減しよう

表5-1 メキシコ農業部門を取り巻く主な政策転換

|  |  |
|---|---|
| 1982 | 対外債務危機表面化＝政策転換の直接的契機 |
| 1985 | 世銀・IMFによる構造調整融資開始。財政赤字削減，民営化等の方針固まる① |
| 1986 | GATT加盟⑤ |
| 1990 | 農産物10品目保証価格廃止① |
| | 国営大衆消費物資供給公社(CONASUPO)業務大幅縮小② |
| 1991 | 農牧産品流通支援サービス機構(ASERCA)設置③ |
| 1992 | 憲法第27条改定（農地改革終了，エヒード農地処分自由化）④ |
| | メキシコ肥料公社(FERTIMEX)解体② |
| 1993 | 農村直接支援プログラム(Procampo)開始③ |
| | エヒード権・居住区登記証明書発行プログラム（PROCEDE）開始④ |
| 1994 | NAFTA発効⑤ |
| | フリホル豆保証価格廃止① |
| 1999 | トウモロコシ保証価格廃止① |
| | CONASUPO廃止② |
| 2001 | 国営種子生産公社（PRONASE)操業停止② |
| 2002 | 国立農村信用銀行(BANRURAL)廃止② |
| 2003 | 農村金融機構(Financiera Rural)発足③ |
| 2007 | PRONASE清算② |

（出所）筆者作成。

とするものであった。トウモロコシ，フリホル豆をはじめ，12品目の穀物・油料作物について設定されていた保証価格は段階的に廃止され，その価格形成は概ね市場メカニズムに委ねられることになった。保証価格による「最後の買い手」として機能していたCONASUPOは，1990年に業務を大幅に縮小した後，最後まで残っていたトウモロコシの保証価格廃止とともに廃止された（谷 2014, 183-184）。

生産面においては，灌漑用水への補助金廃止の影響が大きかった。最大のトマト生産州であり，冬場に大量のトマトを米国に輸出していたシナロア州[1]では，1980年代にマルチングや温室などの新技術や収穫後の日持ちの

---

1) 本章で言及する州や都市などの具体的な位置については，後掲の図5-4（176ページ）を参照されたい。

よい新品種を導入した米国フロリダ州との競争で不利な立場にあったが，1990年代になるとシナロア州でもマルチングや温室に加え，点滴灌漑やレーザー光線を使った圃場整備など新たな技術が導入されるようになった。これらの技術は，多額の初期投資を必要とするものであったが，それは同時に水節約的技術でもあった。灌漑用水や地下水汲上げ用電力への補助金が打ち切られたことは生産費の上昇を意味したが，それは水節約的技術を導入することのできた大規模生産者への集約度をより一層高めることにもなったのである（Lara 1998, 178-188）。

種子や化学肥料といった投入財を安価に供給する国営企業が廃止され，その後を多国籍企業が埋めたことは，やはり生産費の上昇に繋がり，中小規模の生産者に対して不利に働いた。公的農業金融は，先述のように政治的支配の道具となっていたり，腐敗の温床となっていたりといった問題を常々抱えるものではあったが，国立農村信用銀行の廃止によりそれが大幅に縮小されたことは，これも中小規模の生産者に対する圧力として働いた。農業部門向け公的金融は，商業的に採算の合う，または将来性をもった生産者をもっぱら対象とすることとされたのである（Téllez 1994, 116-117, 159-160；谷 1995, 34；谷 2014, 182-183）。

④土地所有権の確定および流動化については，1992年に実施された憲法第27条の改定とその実施法である新農地法の制定が重要である。農地改革によって各地に創設されたエヒード（ejido）と呼ばれる農地は，分配されたのが占有権のみで，所有権そのものは国に留め置かれていたため，売買や賃貸借，それを担保としての資金調達などが禁止されており，それが同部門に対する投資の阻害要因になっていると認識された。この改定により，エヒード農地の処分自由化に道が開かれたわけであるが，このことは，株式会社による農地所有が合法化されたことと合わせ，農業生産者の規模拡大と投資促進に結びつけようとするものであった。しかし，北西部など一部地域を除けば，大規模な農地の流動化は起こらなかったと見られた（谷 2016）。

⑤貿易自由化については，最大の貿易相手国である米国との間で，農産物

を含むすべての品目について関税を撤廃することを定めたNAFTAに結実した。NAFTAは，こうした一連の諸改革の集大成として位置づけられるとともに，それらを外国との条約という形で固定化するという役割をも付与された。一般に「ロッキング・イン効果」と呼ばれるものである（西島1998, 75-77）。

　周知のようにNAFTAは，メキシコ，米国，カナダの3カ国間で1994年1月1日に発効した。関税の撤廃まで発効後4年，9年，ないし14年の猶予期間が設定された品目も少なからずあったが，それらも段階的に引き下げられ，2007年末までに農産物を含むすべての品目についてゼロ関税となった。理論的に考えれば，その結果として，資本・技術集約的な——したがって企業的な経営により馴染むことが考えられる——穀物は米国およびカナダに，労働集約的な蔬菜・果実類はメキシコにそれぞれ生産が集中し，その成果が国境を越えて取引されることになる。すなわち，メキシコにとって農業生産の軸足は，トウモロコシをはじめとする穀物から蔬菜・果実類へとシフトしていくことが予想された。実際，表5-2において見られるように，農業生産額に占める穀類（穀物および豆類）の比率はNAFTA発効後の時期において大幅に低下し，その空隙を蔬菜類と果実類（ナッツ類を含む）が埋める形になっている。

　これら諸点を要約するならば，①〜④の政策転換で大規模化した生産者に

表5-2　農業生産額に占めるシェア

(％)

|  | 1980 | 2000 | 2016 |
|---|---|---|---|
| 穀類 | 45.6 | 28.9 | 30.4 |
| 蔬菜 | 9.9 | 17.1 | 20.3 |
| 果実 | 15.9 | 19.5 | 25.0 |
| その他 | 27.8 | 34.5 | 24.4 |

（出所）Servicio de Infromación Agroalimentaria y Pesquera (SIAP)（https://www.gob.mx/siap/）のデータを基に筆者算出・作成。

対し潜在的に与えられたビジネスチャンスが，⑤NAFTAによって顕在化・可視化されたということができる。このような考え方に立ち，次節ではNAFTAがメキシコの蔬菜・果実類輸出にどのように作用したのかを検討することにする。

## 第2節　北米自由貿易協定（NAFTA）と蔬菜・果実類輸出

### 2-1.　蔬菜・果実類輸出のマクロ的趨勢

　メキシコの蔬菜・果実類輸出は，NAFTA発効後，貿易理論の教える通り大幅に増加した。しかし，同国が輸出を伸ばした主要品目について米国内での生産量を確認してみると，NAFTA発効後に停滞ないし減少しているものと，逆に生産が拡大しているものが混在している[2]。この輸出増は，NAFTAによる貿易障壁撤廃の効果と，米国内での需要増による効果とが複合的に作用したものであることがわかる。さらに後者について言うならば，所得増にともなう需要増，生鮮蔬菜・果実類が優等財であることによる所得増にともなう代替効果，食生活上の嗜好の変化，植物防疫上の規制撤廃に加え，メキシコからの輸入により価格が低下したことによる代替効果および所得効果も作用したことが考えられ，NAFTAの効果だけを取り出すことは困難である。したがってここでは，NAFTA発効後の時期において，蔬菜・果実類の輸出が量的に拡大したこと，輸出品目の多様化・高付加価値化が起

---

2) 例えば，後掲の表5-3 (166ページ) で取り上げた蔬菜類のうち，FAOSTATで米国における生産額が得られる品目について，NAFTA発効前年の1993年と最新の2016年のデータを比較すると，明らかに減少しているのがアスパラガス，キャベツ類，ニンジン・カブ類，キュウリ・ウリ類であった。逆に増加しているのはカリフラワー・ブロッコリ，トウガラシ，ホウレンソウ，トマトであり，レタス・チコリ，スイートコーン，タマネギはほぼ横ばいであった。なお，このうちカリフラワー・ブロッコリとトウガラシを除くと，2010年代に入ってからいずれも生産量を減らしており，今後の生産動向を注視していく必要がある。

こったこと，そしてメキシコ側において生産地域が拡大したこと，以上3点を確認しておくことにする。

図5-1に示したのは，UN Comtradeによるメキシコの蔬菜・果実類輸出額の推移である。ここで「蔬菜類」，「果実類」は，それぞれHS2桁分類の「07」および「08」に相当する。NAFTA発効後，まず蔬菜類が増加を始め，今世紀に入ると果実類も大きな伸びに転じている。NAFTA発効前年の1993年と2016年の数値を比較すると，蔬菜類でおよそ7倍，果実類では10倍以上となっている。それでは，わずか20年ほどの間に激増した輸出の内訳は，どのように変化してきたのであろうか。ここでは，蔬菜類に絞ってその模様を跡付けてみたい。

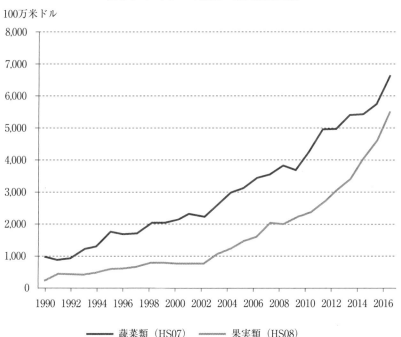

図5-1　メキシコの蔬菜・果実類輸出額

（出所）　UN Comtrade.

表5-3は，米国農務省（USDA）外国農業情報サービスのウェブサイトに掲載されている農産物貿易統計のデータを使って，米国の対メキシコ蔬菜類輸入額の推移をHS10桁水準で抽出するとともに，NAFTA発効直前の1993年の輸入額を100とした指数を示したものである。これによれば，4割弱と最大のシェアを占めるトマトは，生鮮蔬菜類全体とほぼ同じようなペースで増えている。タマネギ，キュウリといった古くから対メキシコ輸入が多い品目は，これよりも拡大ペースが遅くなっている。それに対し，増加率の高いのは，ブロッコリ，カリフラワー，アスパラガスなど米国からもこれまで盛んに輸出されてきた品目，レタス，ホウレンソウ，キャベツ，メキャベツといった傷みやすい葉物野菜，そしてチャヨーテ[3]などメキシコでよく消

表5-3　米国の対メキシコ生鮮野菜輸入額（単位：1000米ドル）とその伸び率（パプリカは2008=100，それ以外は1993=100とする指数）

|  | 1993 | 2003 | 2013 | 2016 | 1993 | 2003 | 2013 | 2016 |
|---|---|---|---|---|---|---|---|---|
| 生鮮野菜計 | 814,240 | 1,934,125 | 4,584,895 | 5,597,923 | 100 | 238 | 563 | 688 |
| トマト計 | 304,041 | 760,938 | 1,637,535 | 1,964,316 | 100 | 250 | 539 | 646 |
| タマネギ計 | 90,376 | 117,608 | 248,231 | 328,180 | 100 | 130 | 275 | 363 |
| ネギ・リーキ | 749 | 3,645 | 9,274 | 12,382 | 100 | 487 | 1,238 | 1,653 |
| カリフラワー計 | 556 | 655 | 6,371 | 19,064 | 100 | 118 | 1,145 | 3,426 |
| メキャベツ | 2,694 | 7,010 | 18,914 | 42,037 | 100 | 260 | 702 | 1,561 |
| キャベツ | 1,523 | 3,202 | 13,300 | 21,861 | 100 | 210 | 873 | 1,435 |
| ブロッコリ | 3,772 | 22,246 | 150,933 | 212,316 | 100 | 590 | 4,001 | 5,629 |
| レタス計 | 3,729 | 17,384 | 159,147 | 218,242 | 100 | 466 | 4,267 | 5,852 |
| ニンジン計 | 3,520 | 3,652 | 30,431 | 40,024 | 100 | 104 | 865 | 1,137 |
| キュウリ計 | 79,913 | 219,443 | 428,419 | 482,350 | 100 | 275 | 536 | 604 |
| アスパラガス計 | 32,341 | 66,187 | 313,491 | 350,775 | 100 | 205 | 969 | 1,085 |
| トウガラシ・パプリカ計 | 134,720 | 355,129 | 870,434 | 1,072,805 | 100 | 264 | 646 | 796 |
| （うちパプリカ計） | – | – | 438,943 | 665,486 | – | – | 218 | 331 |
| ホウレンソウ | 385 | 4,067 | 2,237 | 12,135 | 100 | 1,055 | 580 | 3,148 |
| ヒカマ | 5,823 | 10,228 | 15,278 | 18,895 | 100 | 176 | 262 | 324 |
| チャヨーテ | 1,116 | 2,125 | 9,993 | 12,512 | 100 | 190 | 896 | 1,121 |
| スイートコーン | 1,243 | 9,913 | 27,445 | 37,414 | 100 | 797 | 2,207 | 3,009 |
| ズッキーニ | 79,206 | 172,556 | 304,714 | 348,537 | 100 | 218 | 385 | 440 |

（出所）　USDA, Foreign Agricultural Service, Global Agricultural Trade System Online (https://apps.fas.usda.gov/gats/ExpressQuery1.aspx).

3）和名はハヤトウリ。メキシコでは，スープやサラダをはじめ家庭料理に幅広く用いられる。

費される食材である。米国におけるメキシコ系人口の増加が反映している可能性がある。トウガラシもこの最後の部類に入るが，2005 年までこれと統計上区分されていなかったパプリカ（bell pepper）は，あまりにも生産・輸出が急増したトマトに代わって2000 年代半ば頃からメキシコで温室栽培が盛んになったものである。

　輸出される生産物の高付加価値化については，最もシェアの大きいトマトを例に見てみることにしよう。図5-2 は，表5-1 と同じく米国農務省の貿易データを基に，同国の対メキシコトマト輸入額をHS10 桁分類にしたがって細目別に示したものである。NAFTA 以前には，トマトにはHS10 桁でも単一の分類番号（0702000000）しか付与されていなかったが，1995 年からチェリートマトとローマ（プラム）種が別項目となった[4]。チェリートマトについては，NAFTA の下における関税撤廃までの猶予期間がそれ以外のトマトとは異なっていた（谷 2005）ための措置であると思われるが，ローマ種についてはそのような措置を取る必然性はないように思われ，用途や単価が異なるために新たな項目として設定されたものと想像される。

　ここで注目されるのは，1999 年から「温室トマト」（greenhouse tomatoes）という分類が立てられたことである。言うまでもないことであるが，「温室トマト」という品種があるわけではなく，どのような品種のトマトであれ，温室で栽培されたものはこの分類で輸入される可能性がある。しかし，温室での栽培は生育の管理がしやすく，また病虫害の予防策が徹底して行われていることが多いため農薬等の使用量も抑えられているなど，品質が高い傾向がある。米国およびカナダのチェーンストアや栽培業者との契

---

[4] 周知のように，HS は6 桁までが世界共通の番号であり，下4 桁は各国が必要に応じて付与している。米国農務省は，輸入されるトマトについて，7～8 桁目で輸入された時期（20：3 月1 日～7 月14 日および9 月1 日～11 月14 日，40：7 月15 日～8 月31 日，60：11 月15 日～2 月末日），9 桁目で品種等（1：温室トマト，3：チェリートマト，4：グレープトマト，6：ローマ（プラム），9：その他トマト）を示すこととしている。なお，10 桁目は分類が変更になった際の識別符号として用いられている。

図 5-2 米国のメキシコ産トマト品目別輸入額

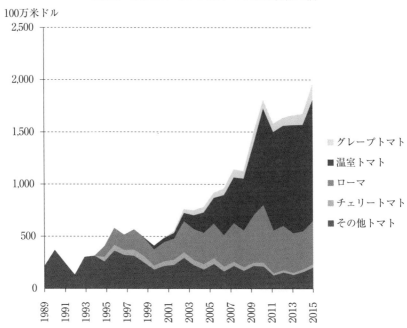

(出所) USDA FAS Trade data (https://apps.fas.usda.gov/gats/ExpressQuery1.aspx).

約栽培・生産委託などの形で生産が行われていることも多い。こうしたことを反映して，それ以外のトマトよりも高い価格で取引される傾向がある。現在では，この「温室トマト」がメキシコから輸入されるものの過半を占めている。メキシコ産の温室トマトは，欧州産・カナダ産のそれらを抑える形で輸出を伸ばしてきており，高品質化・高付加価値化を前提とした価格競争力強化の成果ということができる。

地理的拡大については，メキシコのトマト生産において最大の州別シェアを誇るシナロア州の数値を検討することで，その一端を確認しておきたい（図 5-3）。NAFTA 発効前の時期においては，メキシコ国内のトマト生産のおよそ半分がシナロア州の生産者によって担われていた。しかしながら，図 5-3 から容易に分かるとおり，そのシェアはじりじりと下がっていった。シ

図5-3 メキシコのトマト生産におけるシナロア州のシェア

（出所）INEGI, *El sector alimentario en México*, varios años.

ナロア州で生産が行われる秋冬シーズンに大規模な低温被害のあった2011年の数値は例外的なものとしても，同州のシェアは3割程度にまで低落した。特に生産額シェアの落ち込みが激しいことは注目される。NAFTA発効後，シナロア以外の州において温室での高品質トマト生産が盛んになったことがその背景として考えられる。

そもそもシナロア州でトマト生産が盛んになったのは，米国内のほとんどの場所でトマト生産が不可能な11月から3月までの時期において，トマト栽培に最適な気候が享受できたからである。高地の多いメキシコにあって，カリフォルニア湾に面した低地に広がるシナロア州の商業的農業地帯は，冬

期にも特に温暖である。そればかりではない。メキシコではこの時期は乾期に当たるので，特に収穫後の品質に影響する雨がほとんど降らない。その一方で，前節で述べたとおり，1950〜60年代に連邦政府が積極的に整備した大規模灌漑施設や地下水汲み上げ用電力への政府補助金のおかげで，栽培のための水には事欠かなかった。このような好条件がいくつも重なったことで，米国はもちろんのこと，メキシコの他州と比べても，トマト生産にきわめて大きな比較優位があったのである。

　他州での温室栽培が始まると，状況は一変する。技術的にすでに標準化されている温室では，年間を通し最適な気温，湿度から二酸化炭素濃度に至るまで自動制御されている。露地栽培と比べ病害虫のコントロールもしやすいため，農薬の使用も抑制でき，先進諸国を中心とする消費地における近年の嗜好ともよくマッチする。苗が定植されるのも破砕した火山岩にココヤシの繊維を混ぜたものやパーライトなど人工的なものを入れたプランターやビニール袋であったりするので，土壌の肥沃度ももはや比較優位の源泉ではあり得ない。同州農業関係者は「シナロア州に比較優位はすでにない」[5]と断言する。このような現実を反映して，シナロア州を出自とする農業生産企業も州外，特にハリスコ州やアグアスカリエンテス州，サンルイスポトシ州など中西部の高原地帯に生産施設を新設するようになって久しい。このこともシナロア州のトマト生産シェアを下押ししている。

　以上のようにメキシコ全体として見ると，NAFTA発効後，蔬菜・果実類の輸出は激増し，また輸出品目の多様化・高付加価値化も進んだ。それとともに生産地の多様化も進み，特に温室栽培が可能な品目については，年間を通じた生産と輸出もできるようになっている。このような発展が実現されるに当たり，生産の現場ではどのような変化が見られたのであろうか。次項では，引き続き蔬菜類に焦点を当てつつ，その模様を概括することにする。

---

5) 2017年7月12日にCAADES本部ビル内で行ったホセ・ライムンド・エリソンド氏（イレブン・リバーズ・グローワーズ事務局マネージャー）に対するインタビュー。

2-2. 生産要素・生産技術・販路の変化

　ここではまず，投入財としての種苗，資本財としての温室等から見ていきたい。これらは生産要素であると同時に，この四半世紀で長足の進歩を遂げた生産技術の成果としても重要である。

　新品種の導入は，土地生産性の引き上げにも，生産物の品質向上にも大きな役割を果たしてきた。トマトを例にとると，この作物は元来，露地で，株を地表に這わせるようにして栽培されるのが主流であった。主産地であるシナロア州では，すでに1970年代には支柱を立ててそこに生育させるタイプの品種が普及し，単収をそれ以前の3倍にまで高めていた。日光がよく当たることで生育がよくなり，実が地表から離れることで病害を受けにくくなるほか，収穫等の作業効率も改善されたからである。1980年代には，フロリダ州で導入された収穫後の日持ちのよい品種（green mature 種）の煽りを受け，需要が停滞したが，1990年代に入ると，シナロア州の冬場の気候によく似たイスラエルで開発された，日持ちと食味を兼ね備えた新品種（divine ripe 種）が導入され，NAFTA の発効とも相俟って，対米輸出を大きく伸ばす結果となった（Lara 1998: 164-166, 186-187）。

　その後，水分が少なくスナック感覚で食すことのできるグレープトマトなど，日米欧の種苗メーカーがさまざまな特色を持つ新たな品種を次々に市場に投入している。メキシコの生産者も高い付加価値を目指し積極的にそれらを導入しているほか，米国やカナダの業者からの栽培委託の形で生産されることもある（谷 2007）。種苗メーカーのこうした動きは，トマトに限られているわけではない。各地で開催されている農業フェアには，種苗メーカーが積極的に出展し，さまざまな微気候（microclimate）や土壌成分などに適合する品種の売り込みに余念がない（**写真 5-1**）。

　こうした新品種の導入とそれにともなう品質の改善に大きく資することになっているのが温室やシェードなどを用いた施設園芸の普及である。メキシコ施設園芸協会（Asociación Mexicana de Horticultura Protegida, A.C.: AMHPAC）によれば，その前身であるメキシコ温室野菜生産者協会

写真 5-1　グアナフアト農業食料博覧会 2017（Expo AgroAlimentaria Guanajuato 2017）に出展の種苗メーカーブース

会期（2017 年 11 月 14〜17 日）前であったが，会場に設営されたデモンストレーション用の圃場でサンプル作物の生育が進みすぎてしまったために業者が顧客を招いて急遽開いた説明会。グアナフアト州イラプアト市の特設会場。2017 年 11 月 8 日。筆者撮影。

（AMPHI）が創設された 1999 年には全国で 600 ヘクタールほどであった温室等の設置面積は，表 5-4 に示されているとおり 2015 年には 2 万 3000 ヘクタールあまりになっており，急激に拡大している。これは，気候上の条件から露地栽培が困難であった地域で蔬菜類の生産が着手されたこともあるが，主要市場である米国で，また特に NAFTA 発効後，同国の多大な文化的影響を受けているメキシコ国内でも，ヘルスケアや食の安全に対する関心が高まり，栄養に富み品質の高い温室栽培の蔬菜類に対する需要が急増していることの反映でもある。

表 5-4　施設園芸州別栽培面積（2015 年）

| 州名 | 地域 | 面積 (ha) | 事業所数 |
| --- | --- | --- | --- |
| シナロア | 北西部 | 4,744 | 165 |
| ハリスコ | 中西部 | 3,310 | 894 |
| バハカリフォルニア | 北西部 | 2,647 | 202 |
| メヒコ | 中東部 | 1,624 | 4,938 |
| チワワ | 北部 | 1,496 | 180 |
| ソノラ | 北西部 | 1,175 | 161 |
| プエブラ | 中東部 | 1,045 | 2,181 |
| ミチョアカン | 中西部 | 1,004 | 769 |
| その他 |  | 6,206 | 16,324 |
| 合計 |  | 23,251 | 25,814 |

（出所）　AMHPAC ウェブサイト（http://www.amhpac.org/es/index.php/homepage/agricultura-protegida-en-mexico）。

　つづいて労働力市場について検討しよう。本項冒頭で，シナロア州では1970年代に新品種の導入によりトマト生産における土地生産性が急上昇したことに触れたが，このことは取りも直さず，特に収穫や選別・梱包により多くの労働力が必要になったことを意味した。シナロア州での収穫期は，現在でも概ね11月から6月に限られており，この季節に集中的に求められる労働力は，同州が人口密度の低い地域であることも手伝って，人口稠密でありかつ平均的に所得水準の低いオアハカ州，ゲレーロ州など南部諸州からやってくる移動労働者に依存していた。しかし，近年では，そうした移動労働者がシナロア州の蔬菜類生産地域およびその周辺に定住するようになり，その意味で労働力の地元化が進んでいるという報告もある（Posadas 2017）。

　気温の年較差がシナロア州ほど大きくないその他の地域，特に施設園芸の場合は，年間を通して定植や収穫の作業があり，また相対的に人口密度の高い地域もあるので，地元の労働力を積極的に採用している蔬菜類生産企業もあるが，NAFTA後はメキシコの低廉な労働力を目指して製造業企業も多数進出しており，第3節の事例で見るように，近年では労働力の奪い合いになっている地域も少なくない。この部門における労働力調達の動向も，ここ

数年で大きく変化してきている可能性がある。

このように投入財や生産施設，そして労働力を組み合わせて生産された蔬菜類も適切な販路がなければ意味をなさない。谷（2007）は，ハリスコ州南部で農外からの新規参入の形で1996年に温室トマトの生産を開始した企業（アグロスル社）の事例を報告しているが，それによれば同社は，米国テキサス州マカーレン（McAllen）に販売会社を設立し，米国北東部およびカナダ東部のチェーンストアとの販売契約に結びつけている。筆者がシナロア州クリアカン市周辺で話を聞いた蔬菜類生産企業の中には，自社のネットワークを使って販売に乗り出しているところもあれば，販売は他の企業に任せているというところもあった。ハリスコ州やミチョアカン州の企業的農業生産者の中には，国内の冷凍食品製造企業との契約栽培の形で蔬菜類を納めている主体も見られた。このように販売形態は多種多様であり，その違いは社内にどのような人材を擁しているかに依存しているように思われる。先述のアグロスル社の場合も，アグリビジネスの分野で米国での豊富な経験を持つ人物を共同出資者に迎えることで販売を軌道に乗せたとのことであった。概ね共通しているのは，いずれのケースでも，需要を見つけ出し，それを販売に結びつけている，すなわち需要主導型（demand driven）の生産を行っているということである。

以下，次節では，NAFTA発効後の変化の中で，どのような動態が見られるのかを，具体的な事例を通して検討していくことにする。


## 第3節　輸出向け蔬菜類生産の現場

ここまでで述べてきたような経済環境の変化や制度変更に現場はどのように対応してきたのであろうか。本節では，中西部のハリスコ州とグアナフアト州，そして北西部シナロア州の農業生産企業ないし業界団体の事例を紹介する。具体的な事例の紹介に入る前に，メキシコの蔬菜・果実類生産部門に

おけるそれぞれの地域の位置づけを今一度確認しておくことにしよう。

　米国への蔬菜類輸出が伝統的に盛んであったのは，メキシコの国土の北半，特に北西部であった。なかでもシナロア州は，ソノラ州やバハカリフォルニア州とともに，早くから鉄道を通じて米国市場と結びつき，また人口の希薄な地域において平坦かつ広大な海岸部農地を米国のデベロッパーが開発した経緯もあり，20世紀初頭までに商業的農業の先駆けとしての地位を確立したと言ってよい。革命後は，米国系の農産物生産企業の土地を中心に接収が行われ，農地改革が進んだが，それでも輸出向け商業的農業が優勢な特性に変化はなかった。同州では対米輸出向けに蔬菜類を生産する企業や商業的農業生産者が種々の業界団体を結成していたが，1932年にはその上部団体としてシナロア州農業団体連合会（Confederación de Asociaciones Agrícolas del Estado de Sinaloa: CAADES）が組織され，連邦政府に対する圧力団体として機能するのはもちろんのこと，米国側の蔬菜類生産者団体と渡り合うなど，シナロア州は政治的な意味でもメキシコの商業的農業生産をリードする存在となった。

　蔬菜類，特に傷みやすい生鮮の葉物やトマトなどは，国内市場ないし地域市場向けには各地で生産が行われていたが，NAFTAが発効した1990年代半ば頃から，こうした生産者が企業化し，新技術を導入するなどして輸出向けにも生産する例が，特に中西部で増え始めた。ハリスコ州やグアナファト州など中西部の内陸は標高1000〜2000メートルの高原地帯であり，夏期でもシナロア州など北西部の沿岸地域ほど高温多湿にならず，他方，北緯20度周辺に位置することから，冬期にも比較的温暖なので，元々行われていた春夏シーズンの露地栽培に加え，温室を設置すれば暖房コストをかけることなく年間を通して生産ができる。地理的にも，米国北東部市場への中継地となるテキサス州との国境にもさほど遠くなく，道路の整備状況も相対的に良好である。それに加え域内および近隣に比較的所得水準の高い階層の住民が数多く居住していることもあって，国内市場と輸出市場の双方を狙いとすることができた。また，労働力の調達に関しても，主にオアハカ州，ゲレーロ

州をはじめとする国の南部への依存度を相対的に低くできることも意味していた。第2節でも触れたように，こうした好条件があることから，シナロア州に出自を持つ蔬菜類生産企業もこの地域に事業所を持つことが少なくない（図5-4参照）。

図5-4 本章の諸事例関連地図

（出所）筆者作成（白地図データはINEGIによる）。

このような近年の趨勢を念頭に置きつつ，NAFTA後に生鮮蔬菜類の生産に重点を置くようになった企業2社の具体的な事例を検討してみることにしよう。生産規模に関して言うならば，農林牧畜生産活動を行っている生産単位の平均面積がハリスコ州で約21ヘクタール，グアナフアト州で約10ヘクタール（SAGARPA 2007, Cuadro 1）であることを考え合わせると，企業的経営を行っている中規模の生産者と位置付けることができる。小規模ないし零細規模の生産単位が多数存在することを勘案すれば，それぞれ立地する

州内の「代表的な生産者」とは言い難いが，新たな試みに挑戦している「先駆的な生産者」と評価することはできるものと思われる。

### 3-1. ハリスコ州南部における蔬菜類栽培の進化
―――アグリコラ・クエト・プロデュース社―――

アグリコラ・クエト・プロデュース社（Agrícola Cueto Produce, S.A. de C.V.）[6]は，ハリスコ州南部サユラ市所在の蔬菜類生産企業である。その源流は，現経営者のカルロス・クエト（Carlos Cueto）氏の父親が1950年代に親族から借り受けた農地5ヘクタールで始めた農園（rancho）にある。その後，生産を行いながら土地を買い足していくとともに，クエト氏の母親が相続した土地も合わせ，規模拡大を図ってきた。2017年7月現在の生産規模は，賃借した土地も含め，温室等が35ヘクタール，露地が120ヘクタールである。

NAFTA発効以前は，トウモロコシのほか，ソルガム，アルファルファといった飼料作物を主に生産していたが，NAFTAにより米国から輸入された粉ミルクが普及して当地の酪農に大きな打撃があったことなどから，受けていた融資の返済ができなくなり，苦境を経験した。その苦境から脱するために，土地を賃貸して新規資金を確保し，蔬菜類生産を中心とする態勢立て直しを図った。「農園」から「株式会社」（sociedad anónima）に組織替えを行ったのもこの頃（1997年）のことである。会社組織にしたのは，税法上，有利であるというのが最大の理由であった。また，株式会社の形態を取ったのは，輸出先のバイヤーや銀行，サプライヤーなどに対して「見栄えがするように思えたから」とのことであった。

1990年代半ば以降，サヤインゲン，トマト，ブロッコリ，タマネギなどさまざまな作物を栽培したが，2011年の段階では露地栽培の主軸は種子用

---

[6] 本項の内容は，特記なき限り，2011年3月22日および2017年7月17日に同社を訪問し，経営者のカルロス・クエト氏に対して行ったインタビューに基づいている。

トウモロコシ（春夏）と冷凍食品メーカーに納めるブロッコリ（秋冬）であった。現在では，ブロッコリの栽培は止め，種子用トウモロコシとラズベリーやブルーベリーなどのベリー類が中心である。

　温室は 2006 年に導入された。同年，自己資金でフランス製の温室を試験的に導入し，1 ヘクタールでパプリカの生産を開始した。その後，有利な条件でサプライヤーズ・クレジットが得られたことから，2009 年，2010 年にそれぞれ 5 ヘクタールずつフランス製温室を増設した。現在ではメキシコ製のものを導入している。外国製のものよりも価格が安い上，支払いがペソ建てでできるので，銀行からの融資を受けて購入する際も安心であるという。現在でも温室での生産の主軸は，需要の伸びが大きい一方で，ライバルが少なく，価格も安定しているパプリカである。近年では有機栽培にも力を注ぎつつある。

　温室を導入したことは，アグリコラ・クエト・プロデュース社をさらなるビジネス上の展開に導くことになった。同社は 2011 年，前節でも触れたメキシコ施設園芸協会（AMHPAC）に入会したが，翌 12 年，当時の会長の辞任を受けてカルロス・クエト氏は暫定会長に就任することになった。温室栽培そのものを始めて日数の少ない氏にとって，きわめて大きな課題を抱え込むことになったわけであるが，同協会で築いた人脈から，新たな販路が開拓されたからである。ソノラ州エルモシージョでブドウ（テーブル・グレープ）を大規模に生産するグルーポ・アルタ（Grupo Alta）社および同社が米国アリゾナ州ノガーレスに設立した販売会社ディバイン・フレイバー（Divine Flavor）社との出会いである。

　ディバイン・フレイバー社の理念[7]に共鳴したクエト氏は，2013 年に同

---

7) ディバイン・フレイバー社の「ミッション」には，構成員や環境への配慮，生産者や顧客との公正な取引（fair trade）などが謳われ，それらを通じて労働者の労働条件を改善すること，非遺伝子組み換え作物に生産を限定すること，劣化した土壌での栽培を行わないことを宣言している。同社ウェブサイト（http://divineflavor.com/mission/，2018 年 1 月 21 日閲覧）を参照。

社幹部と接触を開始し，翌 14 年末までに提携協定をまとめ，2015 年 4 月に共同出資して AC1 クエト社（AC1Cueto, S.A.P.I.）を設立した。アグリコラ・クエト・プロデュース社が温室で生産したパプリカ（通常のパプリカのほか，スナック用のミニ・ペッパー，サイコロのような形状をしたブロッキー——blocky——など）は同社を通じ全量がディバイン・フレイバー社に納められ，米国をはじめとする市場に輸出される。

　現在，アグリコラ・クエト・プロデュース社が直面している最大の問題は，労働力不足である。2011 年 3 月に行ったインタビューの際は，同社の労働者のほとんどがサユラ市内から徒歩で通勤しているということであったが，今ではそのようなことはなくなっている。ここ数年，ハリスコ州南部では，蔬菜・果実類の生産が急増しており，それにともなって労働需要がきわめて大きくなっているのである。特に，2005 年にサユラ市から一度は撤退した米国・ドリスコル（Driscoll）社が再びベリー類の生産・集荷に乗り出したことが大きく効いているとのことであった。サユラから 1 時間ほどの距離の所まで送迎バスを出し，労働者の確保に努めているが，確保しきれないケースがすでに出始め，またそれを反映して賃金水準も上昇している。

　例えば，JETRO が集計しウェブサイトで発表している海外主要都市における投資コストのうち，サユラ市に最も近いグアナファト州イラプアト市における製造業ワーカー（一般工職）の月額賃金は 4639 〜 7245 ペソ（約 2 万 8000 〜 4 万 4000 円）となっているが[8]，ベリー類の摘み取り作業では基本給と歩合給を合わせ，慣れた人なら月額 1 万ペソ（約 6 万円）を稼ぐことができるという。このような状況下，輸出に必要な認証制度上の必要もあり，労働者は全員，メキシコ社会保険公社（Instituto Mexicano del Seguro Social: IMSS）の保険・年金に加入させたうえ，衛生管理をきっちりと行っている食堂で給食も出している。クエト氏は，労働者の労働条件が改善される

---

8) JETRO ウェブサイト「投資コスト比較」（https://www.jetro.go.jp/world/search/cost.html）による。2018 年 1 月 21 日閲覧。

ことはよいことであると捉えているようであるが，労働力が安定的に確保できるかどうかは，特に収穫に当たりタイミングが重要な蔬菜・果実類の場合，事業全体の行方を左右しかねない事項である。その意味で高い品質を確保しつつ，安定的かつ付加価値の高い販路を獲得したアグリコラ・クエト・プロデュース社は，労働者の賃金や福利厚生を改善することで「人材確保」という目下の難題に対応する原資を得たと評価することができるかもしれない。

### 3-2. グアナフアト州における高品質露地野菜の大規模生産企業
―― エル・フエルテ社の事例 ――

エル・フエルテ社（Agricultores El Fuerte, S.P.R. de R.L.）は，グアナフアト州南部サラマンカ市に本社を有する蔬菜類生産企業である[9]。なお，社号に続く略称は「有限責任農村生産会社」（Sociedad de Producción Rural de Responsabilidad Limitada）のことで，これは農地法（Ley Agraria）第4編第108～114条で定められている農業生産等を事業とする会社の一形態である。社屋でのインタビューおよび圃場への巡回に同行させてくれた購買・生産担当マネージャーのゴンサロ・トーレス＝コバルビアス（Gonzalo Torres Covarrubias）氏と弟で販売・経営管理担当マネージャーであるフェルナンド（Fernando Torres Covarrubias）氏が共同で経営に当たっている。

社号の「エル・フエルテ」は，この地にあった旧アシエンダの名称で，トーレス氏の母方の祖父の所有であった。トーレス氏の父である先代ゴンサロ・トーレス氏は，公認会計士の資格を取った後，1962年に24歳で牧畜業を始めた。2年後の1964年，義父に呼ばれエル・フエルテの共同経営に当たるようになったが，1967年には経営を任され，独力でこの農園（rancho）を切り盛りすることになった。当時手がけていたのは，小麦，トウモロコシ，

---

[9] 本項の内容は，特記なき限り，2017年2月27日，2017年7月22日，2017年11月8～9日にエル・フエルテ社社屋および圃場を訪問し，同社生産・購買担当マネージャーであるゴンサロ・トーレス＝コバルビアス氏に対して行ったインタビューに基づいている。

大麦，ソルガムといった穀物とニンニク，ヒヨコ豆などであった。この頃から農地を賃借して規模拡大を図り始めていたが，トーレス氏が1984年に農学士の学位を取得後，経営に加わるようになり，1990年に現在の組織である農村生産会社に改組した。改組した理由は，トーレス氏が経営に加わったことで，リスクを取って経営規模を拡大する方向に舵を切ったこともあるが，直接的には個人所得に対する課税となる農園の形態よりも，法人課税となる会社組織の方が節税になるためであった。

改組の頃に，ダムから引かれる農業用水から井戸を掘削しての灌水に切り替え，蔬菜類の生産を本格化させた。当時の作目は，ブロッコリ，カリフラワー，タマネギなどであり，さらに土地を借り増して規模拡大を図った。現在では複数の井戸が稼働しており，その平均深度は250メートルである。採水深度はおよそ120メートルであるが，掘削許可はなかなか下りず，また追加で掘ればコストもかかるので，30年先を見据えて深掘りしたとのことであった。井戸から汲み出した水は貯水池に一時貯蔵するが，それを濾過した水に液体肥料を配合し，点滴灌漑を行っている。なお，エル・フエルテ社では温室栽培は行っておらず，露地栽培のみである。

同じく改組の頃，先代のゴンサロ・トーレス氏は，全国畜産総連合（Confederación Nacional Ganadera）グアナフアト支部長に就任，畜産業者としても週当たり100～120頭の豚を出荷できる態勢を整え，自己資金での経営ができるようになった。しかし，1994年にNAFTAが発効すると，食肉価格は暴落し，同社は畜産を諦めて蔬菜類の生産に専念することとなった。現在の主な作目は，ブロッコリ，カリフラワー，レタス，ニンニク，タマネギ，ホウレンソウ，メキャベツなどである。

2001年にはケレタロ州ペドロ・エスコベード市で賃借した農地での生産を開始した。グアナフアト州サラマンカ市の標高1650メートルに対し，この新しい農地の標高はおよそ2000メートルあり，より冷涼である。サラマンカでは，夏期には夜が暑すぎて品質のよいレタスやブロッコリができないので，こういった作目についてはケレタロで生産する。逆に冬期には，ケレ

タロはレタスやブロッコリには寒すぎるので，寒さに強いホウレンソウなどを栽培している．

これら作物の販売先は，チェーンストアや冷凍加工工場など多様である．トーレス氏によれば，販売先の獲得はそれほど難しくはない．新たな販売先がほしければ，メキシコ市の事務所にアポイントを申し込んで商談を行い，あとは条件が合うかどうかである．より重要なのは，新しい契約を取ることよりも，契約条件を遵守しつつ，それを継続していくことである．バイヤー側から声がかかることも少なくないが，この場合も実際に販売に結び付くかどうかは条件次第である．最近の新しい動きとしては，レタスを韓国・釜山の食品加工メーカーに納入し始めたことがある．小売向けにパックされたサラダを生産する企業のようであるが，韓国では夏期に調達が難しく，米国カリフォルニア州で購買していたレタスの供給を持ちかけられた．釜山までは船で3週間ほどかかるので，品種の選定や梱包方法など，かなりの試行錯誤を重ねざるを得なかったが，この輸出も軌道に乗り始めたとのことであった．

同社の現在の作付け規模は，グアナフアト州，ケレタロ州合わせて，自社所有地が253ヘクタール，借地が460ヘクタールである．借地については，エヒードとの契約が4件，小規模自作農との契約が5件ある．これとは別に，近隣のエヒードから農地の購入を持ちかけられるようになったという．第1節で検討したように，1992年の憲法改定でエヒード農地の売買や賃貸借が許されるようになった後も，シナロア州をはじめとする北西部で賃貸借が盛んになったのを除けば，農地はそれほど動いていないというのがこれまでの定説であったが，農地制度の変更から四半世紀が経ち，農地を守り耕作を続けることに拘ってきたエヒード農も引退の時期を迎えている．彼らの息子の世代は就農する気はなく，土地を手放して現金を手にしたいと思い始めているようである．

労働力不足は，エル・フエルテ社にとっても深刻な問題になりつつある．ここでも農園で働く労働者は，元来は近隣住民であった．80年ほど前のこと，同社の母体となったアシエンダ内に居住していた農民に，別の土地を用意し

て移転してもらった。その移転先が市内カルデナス（Cárdenas）地区である。30年前には，農園で雇用される労働者は全員この地区から来ていたが，現在ではその比率はおよそ5％と激減しているという。

エル・フエルテ社でも，IMSSへ従業員を登録し，社会保障へのアクセスが確保されている。賃金も法定最低賃金の2倍程度の水準である。トーレス氏の説明では，そこの住民は，たとえ相対的に賃金が低かったとしても，屋外での作業よりも工場内での労働を選好するのである。サラマンカ市およびその周辺都市には，ここ数年でマツダをはじめとする完成車メーカーやその協力工場・部品メーカーが陸続と進出したが，そのことも大きく影響している。彼らに代わる労働力は，最大で80キロほどの場所から，エル・フエルテ社が差し向けるバスで毎日通勤している。労働力を求めて，産業が少なく，住民の所得が比較的低いと言われるグアナファト州内北部に農地を持つことも模索しているが，条件面で折り合うのはかなり難しいようである。

### 3-3. シナロア州の逆襲
―― イレブン・リバーズ・グローワーズの試み ――

前節および本節冒頭で述べた通り，メキシコにおける蔬菜類輸出のパイオニアであるシナロア州は，その相対的な重要度を落としつつある。シナロア州での生産は，蔬菜類であれ，1990年代以降州別シェアで1位となったトウモロコシであれ，気候上の理由で秋冬シーズンに限定される。個々の企業としては，生産・輸出の通年化を目指して他州に進出するなどしてきたが，「シナロア」をブランドとして，他州から差別化しようという試みが始められている。CAADES内部で2009年に着手された「イレブン・リバーズ・グローワーズ」（Eleven Rivers Growers）というプロジェクトである[10]。雨の降

---

[10) 本項の内容は，特記なき限り，2017年7月12日にCAADES本部ビル内で行ったホセ・ライムンド・エリソンド氏（イレブン・リバーズ・グローワーズ事務局マネージャー）に対するインタビューおよび同プログラムのウェブサイト（http://www.elevenrivers.org/）に基づいている。

らない秋冬シーズンに行われるシナロア州の農業には灌漑が不可欠であり，11の河川流域に農地が広がっているが，それにちなんだネーミングである。

このプロジェクトが開始された契機は，2008年6月に米国でサルモネラ菌による食中毒が同時多発したことであった。その際，トマトが感染源である疑いがあると米国食品医薬品局（Food and Drug Administration: FDA）が発表したことから風評被害が起き，注文のキャンセルが相次いだ。シナロア州では収穫期が終わりつつある時期であったため，被害は大きくはならなかったが，CAADES内部では「これがもし1月に起きていたら」との危機感から，シナロア州の生産物は安全であるという明確な差別化を模索し始めたという。まずは販売促進を目的としたブランドとして「イレブン・リバーズ」が考案された。

しかし，州内の生産者について調査をしてみると，大規模生産者は，安全性であれ，企業の社会的責任であれ，トレーサビリティであれ，認証基準を満たしていたが，中小規模の生産者については必ずしもその限りでないことが発覚した。そのような状態では，州全体として「シナロア」を「安全な生産物のブランド」として売り出すことはできない。このことから「イレブン・リバーズ」は，シナロア州独自の認証制度として再スタートを切ることになったのである。

イレブン・リバーズ・グローワーズ認証の評価ポイントは，以下の5つを軸に組み立てられている。すなわち，①工程全体の品質管理システム，②圃場における食品の安全性，③梱包・在庫・輸送における食品の安全性，④危害分析重要管理点（HACCP）に基づく衛生管理，⑤社会的・環境的責任の履行である。②〜④の項目は，生産・加工・流通の各場面における食品安全（food safety/inocuidad）を確保することであり，①は企業活動のすべての場面において総合的・体系的に品質管理が行われるためのシステムを当該企業が有しているかどうかがポイントとなる。ここで注目されるのは，イレブン・リバーズのウェブサイトで最も力点を置いて説明されているのが⑤社会的・環境的責任の履行であることである。

シナロア州の蔬菜類生産企業については，労働者に対する搾取的な扱い，劣悪な住環境，低賃金，児童労働の存在など，労働問題が批判の対象とされてきた歴史がある。⑤の評価軸では，企業の社会的責任について 7 項目，環境に対する責任として 6 項目を明示し，その遵守・履行を認証の基準としている。

　社会的責任は，労働者およびその家族の生活の質に関する項目が大半を占めている。それは第 1 に「労働者および事業を展開している地域社会に配慮し，その厚生・生活水準を改善していくことが当該企業の利益であり，それを果たしていくことを当該企業の方針に含めていること」[11]と謳われ，労働者の権利確保（結社の自由，強制労働の廃止，差別撤廃，児童労働の禁止），労働の場での安全・衛生状態の確保，労働者および家族の健康管理（疾病の予防，社会保障・医療へのアクセス確保），移動労働者宿舎における生活の質保証（宿舎の床と壁はコンクリート製であること，など），社会プログラムの推進（従業員家族の保育・教育，栄養管理，文化・スポーツ振興）といった具体的な細目が列挙されている。その上で，これらを実現するために連邦・州・市町村各レベルの政府や市民社会一般と連携するための企業方針策定が求められている。他方，環境に対する責任に関しては，合理的な資源利用，適切な廃棄物・汚水処理，資源リサイクル，事業所および周辺地域の緑化が必要とされている。

　上記①〜⑤に示されるような基準の遵守・履行を求める認証制度は，世界中に数多く存在している。各企業は輸出先の求めに応じて必要とされる認証を取得するわけであるが，このような中でシナロア州独自の認証制度を立ち上げようというのは，現在あるすべての認証制度をクリアでき，その上を行くようなものにする，すなわち「イレブン・リバーズ・グローワーズ」のマークがついていれば，どのような認証が求められていようと通用するようなも

---

11) 同プログラムウェブサイト（http://www.elevenrivers.org/espanol/esquema/#ino）による。2018 年 2 月 12 日閲覧。

のにしたいためとしている。そしてゆくゆくはそれを販売促進や価格差別化のためのブランディングにも活用していこうとし，2025年までにそれを実現することを目標としているのである。

　この制度の認証実務は，米国ミシガン州に本部を置く非営利の第三者認証機関であるNSFインターナショナルのメキシコ支部（NSF International Mexico）に委託している。中立性・公正性を高めるためである。イレブン・リバーズの認証の特徴は，圃場，梱包工場，従業員宿舎のすべてに検査が入ることである。多くの認証制度ではサンプル調査にとどまっているが，それでは認証を受ける企業にとってすべてのリスクを回避することにならないと認識されているからである。もしある企業の生産物が何らかの疾病の感染源であることが証明されてしまえば，米国では多額の損害賠償を求められる。実際に米国では億ドル単位の賠償支払い判決が出され，支払うことのできなかった企業の経営者が収監される事態も起こっている。食中毒被害の告発を促すような弁護士事務所のウェブサイトすらある。そのようなリスクを予め取り除いておくことが重要であると認識しているのである。

　認証を希望する企業は，次のような手順を経ることになる。まず認証機関による診断が行われ，それに基づいてイレブン・リバーズのアドバイザリー・チームにより改善のための助言がなされる。必要な改善がすべて行われれば認証を受けられるが，認証が受けられた後も毎週フォローアップのための検査が実施される。認証とは別の機関（社団法人標準化・認証協会――Asociación de Normalización y Certificación, A.C.: ANCE――）により実施されることになっているフォローアップ検査の結果は，即座に独自のウェブシステム[12]に掲載されるため，当該企業はすぐに改善作業に取りかかれる。その際には，前述のアドバイザリー・チームの助言を求めることもできる。フォローアップ検査で問題があった場合は，イレブン・リバーズのロゴ使用

---

12) Eleven Rivers Information System（ERIS）と命名されたシステムであり，関係者向けログインページ（https://11rivers.com/intro/indexING.html）に概要の説明がある。

が一時停止されることになっている。したがって認証の表示はシールで行うことになっており，梱包材に印刷することは禁止されている。1週間経っても問題点が改善されないときは，認証は取消となり，再申請は1年後までできないことになっている。非常に厳しいルールであるが，生産者自身が決めたルールなので，できるだけ厳格なものにしているという説明であった。

　2017年7月現在，このプログラムに参加している企業は30社である。当然のことながらすべての企業がすぐに認証を受けられるわけではない。多くが「助言」の段階にあり，すでに3年間この段階にある企業もある。認証まで漕ぎ着けた企業は14社であるが，その州内輸出シェアは35%にとどまっている。この比率を2022年までに90%に引き上げることを目標にプログラムが組まれている。認証にかかる費用はすべてCAADESの予算から拠出されているので，参加企業の金銭的負担は，加盟している農業団体の会費を除けば発生しない。

　この試みは，自らがメキシコ国内の他州と比べて圧倒的に優位にあると考えていたシナロア州の蔬菜類生産者が，実は他州の生産者との厳しい競争に直面していることを認識するところから生まれたものである。同時に，食の安全性や企業の社会的責任が消費者の注目を浴びる中，風評被害や訴訟リスクを回避する手段としても活用されようとしている。すなわち，問題を抱えている生産物は他州の，あるいはシナロア州全体ではなく特定企業のものであることを明示できるようにする目的をも有しているということである。この2つの目的は，いずれもシナロア州の生産者・生産物の差別化を図るという点で共通している。しかしながら，すでに触れたように，シナロア州を出自とする企業は他州での生産も行っている。現在は，他州で生産された蔬菜類はイレブン・リバーズ・グローワーズの認証の対象外であるが，将来的にはそれらも含めた認証とすることが企図されている。そのような方向性を打ち出していくならば，ゆくゆくは「シナロア州の生産者・生産物を差別化する」という目的は曖昧にならざるを得ない。認証の対象に他州の生産者・生産物も含めることは，差別化を犠牲にしながらも，この認証制度の知名度を

引き上げることに繋がり，結果的にシナロア州の生産者にも間接的に裨益することになるかもしれない。短期的には州内での普及を目指すのが最大の目標となろうが，中長期的にはこれら2つの方向性の間でどのようにバランスを取っていくのかが検討課題になっていくように思われる。

## おわりに

　本章で検討した3つの事例からは，どのようなことが言えるであろうか。NAFTA発効後のメキシコ農業部門においては，北米市場に輸出される蔬菜・果実類の商業的・企業的生産が活況を帯びた。その中で企業的生産者は，伝統的なメキシコ農業部門において広く見られた「勘と経験」に頼る経営から「知識と技術」に基づく経営へとシフトしてきたと言うことができる。

　企業的生産者たちは，NAFTAがもたらしたビジネスチャンスに積極的に対応して生産規模の拡大と生産物の品質向上を通じた高付加価値化を図り，そのための手段として企業化が捉えられた。生産規模の拡大は，農地の拡大（エル・フエルテ社の事例）を通じてなされることもあったし，温室栽培の導入（アグリコラ・クエト・プロデュース社の事例）を通じてなされることもあった。品質の向上については，点滴灌漑など新技術や改良品種の導入はもちろんのこと，予防型の害虫対策を行って農薬の使用を最小限にしたり，従業員に対して厳格な衛生基準を守らせるべく労働規律を徹底したりといった品質管理を通じて実現が図られている。企業化については，その動機として，税法上，個人所得に対する課税よりも法人所得に対する課税の方が有利である点が2つの事例でともに見出されたが，これは再投資のための自己資金の確保という角度から考えると，規模拡大や品質改善，生産の効率化のための一手段としても捉えることができる。また法人組織になることで，バイヤーやサプライヤー，銀行などとの関係を円滑化できることはアグリコラ・クエト・プロデュース社での聴き取りから明示的に把握された。

NAFTA は，貿易の自由化と並んで，国境を越える投資の自由化という意味も持っているが，メキシコの蔬菜・果実類生産企業についてこれを見るならば，それは米国内に販売会社を設立し，北米市場での販路確立に役立てる企業の登場という形で表れた。自社での設立という事例もある（谷 2007）が，本章で取り扱ったアグリコラ・クエト・プロデュース社の場合は，米国アリゾナ州に販売会社を持つ同業他社と提携する形でそれを確保し，エル・フエルテ社の場合は，共同経営者の1名が販売担当として自社によるマーケティングを行っている。販売は，ブランド化などを通じ，またサービス分野との関連も深いことから，規模の経済が働きやすい分野であると考えられる。こうした傾向の拡大は，今後も続いていくものと考えられるが，他方，販売については，それを得意とする別の企業との取引を通じて行う方針を示している企業も存在する。その相違は，それぞれの企業が擁している人的資源いかんにかかっているものと思われる。

　一方，生産の現場では，作目や品種の選定に当たり，種苗メーカーの果たす役割がきわめて大きい。農業生産者との間には技術や知識の面でも，資本の面でも大きな非対称性が存在する。使用する施設設備についても同様である。農業生産者自身に求められるのは，気候や土壌などに関する自社の圃場の性質および市場から発せられるニーズを的確に把握し，メーカーの持つ技術や知識を適切に活用しつつ，それを選択していく能力である。その意味では，農業経営者が発揮すべき能力とは，外部調達する資本・知識・技術と自然や市場から与えられた条件との間のアダプタ的機能ということになろう。

　同じことは労働力の調達に関しても言うことができる。蔬菜・果実類生産は労働集約的な過程である。蔬菜・果実類生産の現場で実際に汗を流しているのは，生身の人間である。そのときどきの感情も抱けば，守らなければならない家族もいる。生まれ育った故郷があり，そこでの特定の人間関係も有している。しかも，メキシコの蔬菜・果実類生産は，同国の中部・南部の「勘と経験」にもっぱら依存している農村地帯からの移動労働力に支えられていると言っても過言ではない。輸出向け蔬菜・果実類生産の担い手が果たして

いるのは，ここでも「知識と技術」に基づく「農業」の世界と，「勘と経験」の支配する「農」の世界との間のアダプタ的機能という評価もできるであろう。異なった要素を結びつけ，差異から収益を生み出すのが企業であると考えれば，本章で見た事例は，企業としてあるべき姿を示しているのかもしれない。

最後に付け加えるべきは，こうした労働集約的なモデルは，メキシコ国内，特に国土の南部に存在している貧困に依存しているという点である。本章で取り扱った地域でみるならば，特に中西部では労働需給はかなり逼迫し，それが賃金水準を押し上げたり，労働条件を改善する方向に作用したりといった事態が観察された。生産物の高付加価値化は，そうした労働条件を実現する原資を提供するという側面もある。それはそれとして評価すべき事項であるが，南部という低開発地域が依然として存在していることは，賃金・労働条件への下方圧力として常に作用する。企業としてのミクロレベルでの発展はすでに見られ，地域レベルでもそうした企業が立地する地域においては雇用創出・賃金上昇という形で若干の波及効果が見られる部分も出てきた。しかしながらメキシコという国全体で見たときに，南部の住民は，先住民に対する差別的な視線とも相俟って，低賃金の移動労働力という形でしかこのモデルに参加できないという実態に変わりはない。マクロ的な発展には，このモデルだけでは十分ではない。これを補完する何らかの要素が必要である。

〔参考文献〕

＜日本語文献＞
石井章 1986.『メキシコの農業構造と農業政策』アジア経済研究所．
谷洋之 1995.「サリーナス政権の農業政策」『ラテンアメリカ・レポート』12 (2):31-40.
―――― 2005.「産地・企業・国家とグローバル化――『米墨トマト戦争』に見るNAFTAの諸相」泉邦寿・松尾弐之・中村雅治編『グローバル化する世界

と文化の多元性』Sophia University Press 上智大学.
――― 2007.「拡大するメキシコの温室トマト輸出と地域発展の可能性」『ラテンアメリカ・レポート』24(2):10-19.
――― 2014.「メキシコ――NAFTAに行き着いた政策転換とその後の農業政策」谷口信和ほか編『世界の農政と日本――グローバリゼーションの動揺と穀物の国際価格高騰を受けて』(日本農業年報60) 農林統計協会.
――― 2016.「メキシコにおける農地所有制度改革浸透の地域間格差」『アジア経済』57(2):35-59.
西島章次 1998.「NAFTAとメキシコ経済」浜口伸明編『ラテンアメリカの国際化と地域統合』アジア経済研究所.

＜外国語文献＞
Appendini, Kirsten 2001. *De la milpa a los tortibonos: La restructuración de la política alimentaria en México*. México: El Colegio de México (2ª. ed.).
Instituto Nacional de Estadísticas y Geografía (INEGI) varios años. *El sector alimentario en México*. Aguascalientes: INEGI.
Lara Flores, Sara María 1998. *Nuevas experiencias productivas y nuevas formas de organización flexible del trabajo en la agricultura mexicana*. México: Procuraduría Agraria; Juan Pablos Editor.
Posadas Segura, Florencio 2017. "La situación de los trabajadores rurales en Sinaloa." *Estudios Sociales* 27(49): 244-271.
SAGARPA (Secretaría de Agricultura, Ganadería, Desarrollo Rural, Pesca y Alimentación) 2007. *Censo Agrícola, Ganadero y Forestal 2007*. México: SAGARPA.
Téllez Kuenzler, Luis 1994. *La modernización del sector agropecuario y forestal*. México: Fondo de Cultura Económica.

＜ウェブサイト＞
日本貿易振興機構「投資コスト比較」. https://www.jetro.go.jp/world/search/cost.html
Asociación Mexicana de Horticultura Protegida, A.C. (AMHPAC). http://amhpac.org
Divine Flavor. http://divineflavor.com
Eleven Rivers Growers. www.elevenriver.org
FAOSTAT. http://www.fao.org/faostat/en/#data
Servicio de Información Agroalimentaria y Pesquera (SIAP). http://www.gob.mx/siap/

UN Comtrade Database. https://comtrade.un.org/
USDA Foreign Agricultural Service, Global Agricultural Trade System Online. https://apps.fas.usda.gob/gats/ExpressQuery1.aspx

［付記］本稿執筆のために実施したシナロア州での現地調査には，Juan de Dios Trujillo シナロア自治大学経済・社会学部教授に大変にお世話になった。ここに記して感謝申し上げる。本研究には，科学研究費助成事業基盤研究（B）（海外学術調査）「アジアとラテンアメリカ―地域間比較の新展開―」（課題番号 17H04511, 研究代表者：岸川毅）の成果の一部を利用している。

# 第6章

# ブラジル中西部における穀物生産者の経営拡大

清水　達也

## はじめに

　1990年代後半からの中国による大豆輸入の増加に応えて，南米諸国は大豆の生産・輸出を拡大した。なかでもブラジルの伸びは著しく，2000年代に入ってまず輸出量で米国に追いつき，2010年代には生産量でも追いついた。その生産の中心となったのが，国土の中西部に位置する新興産地である。農業には利用されていなかったこの地域で1970年代以降に入植が進み，2000年代以降に大豆とトウモロコシの生産が増えたことで，世界最大級の穀物産地となった。

　新興産地における大豆生産は1970年代に国の政策として始まった。1980年代には経済危機により国の支援が減少したものの，1990年代に国際市場による需要が拡大すると，国際市場で穀物を取引する穀物メジャーが，保管施設や搾油工場の建設や生産者への資金供給によりサプライチェーンを構築して生産を後押しした。さらに2000年代に入ると，中国による大豆輸入の増加をうけて，種子や農薬の開発を手がけるバイオメジャー[1]もこのサプライチェーンに参入し，生産の増加に拍車をかけた。

---

1) バイオメジャーとは，モンサント，シンジェンタ，バイエルなど，種子や農薬を開発・販売する多国籍アグリビジネスを指す。

入植事業に参加して南部の伝統的産地から移住してきた生産者は，インフラや市場が未発達な新興産地で，穀物メジャーが主となって構築したサプライチェーンに依存しながら生産を増やした。しかし近年この状況が変わりつつある。産地の成長が続いたことで，新興産地が国内最大の産地となり，信用市場や農産物市場が発達した。その結果，穀物メジャーのみに依存することなく，金融機関による融資や地元の加工工場への販売を上手く組み合わせながら，購買や販売において裁量を発揮して経営を行い，規模拡大を図る自律的な経営体が現れている。

　本章ではまず統計資料を整理して，世界の穀物供給におけるブラジルの重要性と同国の中西部に位置する新興産地の成長を確認する。次に既存研究の成果を参照しながら，資金や技術を供給した穀物メジャーなどがサプライチェーンを構築したことで，新興産地が成長したことを説明する。最後に，国内最大の穀物産地であるマットグロッソ州で実施した生産者調査により得られた情報を分析し，自律的経営により成長する生産者の特徴を分析する。

## 第1節　世界最大級の穀物輸出国

　アグリビジネスはブラジルの経済成長を牽引する主要産業の1つである。農牧業自体が占める割合は，2016年には就業人口の10％，国内総生産（GDP）の5％にとどまる。しかし，種子・肥料・農薬などの農牧業への投入財供給，農牧産品加工，関連するサービス業も含めると，アグリビジネスはGDPの2割を占める[2]。輸出総額においても，加工品を含む農牧産品は輸出総額の38％を占めており，なかでも大豆関連製品[3]は11％を占める同国最大の輸

---

2) サンパウロ大学農学部応用経済高等研究所（CEPEA, https://www.cepea.esalq.usp.br/br）は，農牧業とその関連産業（投入財供給，加工産業，サービス業）をアグリビジネスとして，その国内総生産を推計している（小池 2013）。
3) 大豆関連製品は，大豆粒，これを搾油して得られる大豆油，主に飼料原料として利用される大豆粕（大豆ミール）を含む。

出品目である。

　ブラジルは1990年代後半から大豆輸出を増やし，2000年代には輸出量で米国に並んだ。そして2010年代にはこれを追い抜いて世界最大の輸出国となった。さらに2010年代には，大豆生産の裏作として作られるトウモロコシの生産も増加し，それまでの第2位であったアルゼンチンを追い抜いて米国に次ぐ輸出国となった。

　このようにブラジルが大豆とトウモロコシの生産と輸出を増やした要因として重要なのが，中国による需要の増加と，それに対応した供給を可能にした新興産地の出現である。

1-1. 中国による輸入の増加

　大豆供給の拡大は中国による輸入増がきっかけとなった。中国では，1990年代の食料流通政策の変更と2001年の世界貿易機関（WTO）加盟に伴う農産物の貿易自由化により，それまでほとんど自給に頼っていた大豆の輸入を始めた（阮2009）。その輸入量は，本格的に輸入を開始した1996年には227万トンであったが，またたくまに増加し，2002年には国内生産量を上回る2142万トンとなった。その後も右肩上がりに増え続け，2016年には9350万トンに達し，世界の大豆輸入の65％を占めるまでになった[4]。

　この輸入増に南米南部諸国が応えた。世界最大の大豆生産国である米国は，1997年には6478万トンを生産し，3148万トンを輸出していた。これは世界全体の生産量の49％，輸出量の47％にあたる。2016年には1億1692万トンを生産し，7084万トンを輸出したものの，世界全体に占める割合はそれぞれ33％と34％と減少している（表6-1）。

　これに対して，生産・輸出量だけでなく，世界全体に占める割合も大きく増やしたのが，南米南部のブラジル，アルゼンチン，ウルグアイ，パラグア

---

[4] 農産物の生産・貿易データは米国農務省（USDA）の生産・供給・分配データベース（PSD Online Database）と国連食糧農業機関（FAO）のFAOSTATに依拠している。

イ、ボリビアである。この5カ国における大豆の生産量と輸出量は20年前と比べてそれぞれ4.4倍、3.9倍へと増加し、世界全体に占める割合は、32%、53%から53%、65%へと増加した。

南米南部の大豆産地の中心がブラジルである。2017年の生産量は米国にほぼ並ぶ1億1410万トン、輸出量は米国を1割強上回る7814万トンで、それぞれ世界全体の32%と37%を占める。同国ではこの20年の間に大豆の生産が4.2倍に、輸出が3.9倍に増えた。米国の1.8倍、2.3倍と比べて大きく増加していることが分かる。

ブラジルでは1990年代末からの大豆増産に続いて、2000年代後半からはトウモロコシの生産も急増している。1990年代までは生産したトウモロコシのほとんどを国内市場で消費しており、輸出はわずかにとどまっていた。これは、経済の安定と成長に伴って増加していた鶏肉生産の飼料原料として

表6-1 主要国の大豆・トウモロコシの生産と輸出

| 作物 | 国名 | (1,000 トン) | | | | 変化率 2017/1997 (%) | | 世界全体に占める割合 (%) | | | |
|---|---|---|---|---|---|---|---|---|---|---|---|
| | | 生産量 | | 輸出量[1] | | 生産 | 輸出 | 生産量 | | 輸出量 | |
| | | 1997[2] | 2017 | 1997 | 2017 | | | 1997 | 2017 | 1997 | 2017 |
| 大豆 | 米国 | 64,780 | 116,920 | 31,483 | 70,841 | 180 | 225 | 49 | 33 | 47 | 34 |
| | 南米5カ国[2] | 42,269 | 187,884 | 35,289 | 136,521 | 444 | 387 | 32 | 53 | 53 | 65 |
| | ブラジル | 27,300 | 114,100 | 20,254 | 78,140 | 418 | 386 | 21 | 32 | 30 | 37 |
| | アルゼンチン | 11,200 | 57,800 | 11,626 | 44,070 | 516 | 379 | 8 | 16 | 17 | 21 |
| | 南米3カ国[3] | 3,769 | 15,984 | 3,409 | 14,311 | 424 | 420 | 3 | 5 | 5 | 7 |
| | そのほか | 24,883 | 46,450 | 195 | 2,365 | 187 | 1213 | 19 | 13 | 0 | 1 |
| | 世界全体 | 131,932 | 351,254 | 66,967 | 209,727 | 266 | 313 | 100 | 100 | 100 | 100 |
| トウモロコシ | 米国 | 234,518 | 384,778 | 45,655 | 58,242 | 164 | 128 | 40 | 36 | 70 | 36 |
| | ブラジル | 35,700 | 98,500 | 92 | 36,000 | 276 | 39,130 | 6 | 9 | 0 | 22 |
| | アルゼンチン | 15,537 | 41,000 | 10,828 | 25,500 | 264 | 236 | 3 | 4 | 17 | 16 |
| | そのほか | 307,142 | 550,484 | 8,997 | 43,865 | 179 | 488 | 52 | 51 | 14 | 27 |
| | 世界全体 | 592,897 | 1,074,762 | 65,572 | 163,607 | 181 | 250 | 100 | 100 | 100 | 100 |

(出所) USDA PSD Online.
(1) 輸出量は大豆粒、大豆粕、大豆油の合計。
(2) 年は農業年度の後の年を表記。例えば1996/97農業年は1997。
(3) 南米3カ国はパラグアイ、ウルグアイ、ボリビア、南米5カ国はこの3カ国とブラジルとアルゼンチン。

の需要が増えていたためである。しかし2000年代後半には国内需要の増大を上回るペースでトウモロコシの生産が増加したため、余剰分の輸出を始めた。米国が日本，メキシコ，韓国，台湾などの従来からの大手輸入国にトウモロコシを輸出しているのに対して，ブラジルは，最近になって輸入を拡大したアジアや中東の国々への輸出を増やしている。

1-2. 新興産地の出現

ブラジルが中国などの新興国による需要増加に対応して供給を増やすことができたのは、中西部に新しい穀物産地が出現し，これが国内最大の産地にまで成長したからである。

ブラジルの国土は，北部，北東部，中西部，南東部，南部の5つに分けられる（図6-1）。このうち伝統的に穀物生産の中心となってきたのは，国内でも比較的緯度が高い南部のパラナ州，サンタカタリナ州，リオグランデドスル州であった。1970年代半ばの国内の大豆生産量は1000万トン程度であったが、その9割近くが南部で生産されていた。

1980年代に入り、熱帯に位置する中西部の大豆生産が増えた（図6-2）。1999年には中西部の生産量が南部を追い抜き、2017年には5015万トンに達して国内生産量の45%を占めた。さらに2000年代の後半以降は、より赤道に近い北東部や北部（図6-2では「それ以外」に含まれる）でも大豆生産が本格的に始まっている。

ブラジルの穀物生産には、10～5月の第1作（夏作）と1～9月の第2作（冬作）がある。大豆、トウモロコシともに、従来は第1作がほとんどであった。しかしトウモロコシは2010年代初めに第2作が大きく増加し、現在では年間生産量の約7割を占めている（図6-3）。第2作トウモロコシの最大の産地がマットグロッソ州で、同州の第2作だけで全国の年間生産量の3割弱に達している。マットグロッソ州では10～1月に大豆、1～6月にトウモロコシを生産する二毛作の作付体系が普及しつつあり、これにより同州は大豆とトウモロコシの両方で国内最大の産地となった。

図 6-1　ブラジルの地理区分と主要産地

（出所）ブラジル環境省（http://www.mma.gov.br）のデータを用いて筆者作成。
（注）太線が地方，細線が州の境界。影がセラード地域。

図 6-2　地域別大豆生産量

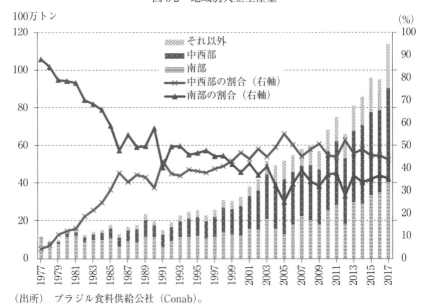

（出所）ブラジル食料供給公社（Conab）。

図6-3 地域別トウモロコシ生産量

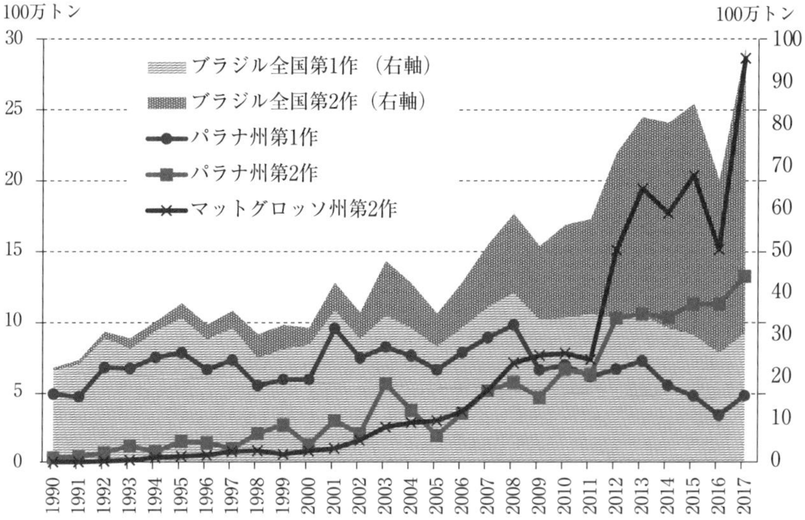

(出所) ブラジル食料供給公社（Conab）。

このように，まず大豆の生産が増加し，次にその第2作のトウモロコシ生産が増えることで，マットグロッソ州は国内最大の穀物産地に成長した。

## 第2節 中西部における穀物生産の拡大

中西部で農業フロンティアが拡大したことで，ブラジルは世界最大級の穀物供給国になった。1970年代から農業開発が始まり，穀物生産を可能にする農業技術，政府による内陸部の開発政策，そして官民のプロジェクトによる入植などにより，新興穀物産地としての基礎が築かれた。さらに1990年代に穀物メジャーが保管施設と搾油工場の建設と生産資金の供給を進めて大豆のサプライチェーンを構築し，2000年代にはバイオメジャーが遺伝子組み換え品種を中心とする技術パッケージを供給したことで，世界有数の穀物産地となった。

ここでは既存研究を参照しながら，まず1980年代までの農業フロンティアの拡大を概観し，次に1990年代以降のサプライチェーンの構築について資金と技術に注目して検討する。

2-1. 農業フロンティアの拡大

大豆とトウモロコシのいずれにおいても国内生産量の約半分が中西部で生産されている。そして中西部における農業生産の中心となっているのが，ポルトガル語で「閉ざされた」を意味するセラード（cerrado）と呼ばれる地域である。セラードは，中西部のマットグロッソ州，マットグロッソドスル州，ゴイアス州を中心に，南東部のミナスジェライス州，北部のトカンチンス州，北東部のマラニョン州，ピアウイ州，バイア州にかけて広がる約200万平方キロメートルの地域で，国土面積の24％を占める（図6-1）。南米大陸の中央部に位置し，主要都市や港が位置する海岸部から遠いことや，サバンナに似た植生であることから，かつては農業生産に適さないとみなされていたために，ほとんど利用されていなかった。しかし調査の結果，穀物生産に十分な降水量があり，強い酸性の土壌も石灰による改良で農業生産が可能であることがわかり，1970年代から開発が始まった（本郷・細野 2012, 34）。

セラードにおける農業開発は，その中心の1つであるマットグロッソ州の土地利用の変化によく現れている。表6-2では，伝統的産地であるパラナ州と新興産地であるマットグロッソ州を取り上げ，農牧林業に利用されている土地の割合の変化を，農業センサスのデータを用いて比べた。これによれば1975年からの30年間，パラナ州では農牧林業に利用されている土地の割合は全体の8割程度で一定である。それに対してマットグロッソ州では，24％から54％へと変化しており，この間に新たに農牧林業で利用される土地が増えたことがわかる。内訳に注目すると，まず肉牛を放牧するための放牧地が増え，次に種をまいて牧草を育てる採草地，最後に単年作物の畑が増えている。開発に伴ってこれまで利用されていなかった土地が放牧地や採草地として利用された後，大豆などの畑へと転換されていることがわかる。

表6-2 農牧林業用地の割合の変化[1]

(％)

| 州 | 年 | 永年作物 | 単年作物 | 放牧地[2] | 採草地[2] | 自然林 | 人工林 | そのほか | 合計 |
|---|---|---|---|---|---|---|---|---|---|
| パラナ州 | 1975 | 5.9 | 22.3 | 8.4 | 16.6 | 9.8 | 2.0 | 13.3 | 78.4 |
| (伝統産地) | 1980 | 4.8 | 25.8 | 7.7 | 20.0 | 9.9 | 3.1 | 10.7 | 81.9 |
|  | 1985 | 3.2 | 27.3 | 7.1 | 23.0 | 10.1 | 4.1 | 9.0 | 83.8 |
|  | 1995 | 1.6 | 24.0 | 6.9 | 26.6 | 10.4 | 3.6 | 6.9 | 80.0 |
|  | 2006 | 4.9 | 27.7 | 6.6 | 17.1 | 14.1 | 3.1 | 3.6 | 77.2 |
| マットグロッソ州 | 1975 | 0.0 | 0.5 | 9.6 | 2.9 | 7.9 | 0.0 | 3.4 | 24.3 |
| (新興産地) | 1980 | 0.1 | 1.6 | 11.2 | 5.2 | 14.8 | 0.1 | 5.3 | 38.3 |
|  | 1985 | 0.2 | 2.2 | 10.7 | 7.4 | 15.6 | 0.0 | 5.7 | 41.9 |
|  | 1995 | 0.2 | 3.1 | 6.9 | 16.9 | 23.8 | 0.1 | 4.3 | 55.2 |
|  | 2006 | 0.5 | 6.7 | 4.9 | 19.5 | 21.2 | 0.1 | 1.1 | 53.9 |

(出所) ブラジル地理統計院 (IBGE), ブラジル農業センサス (2006年)。
(1) 各州の面積 (マットグロッソ州9034万ha, パラナ州1993万ha) に占める割合。
(2) 放牧地は pastagens naturais (自然牧草地), 採草地は pastagens plantadas (植えられた牧草地) を指す。

　セラード開発で大豆が選ばれた理由の1つとして，国際市場で大豆に対する需要が高まっていたことが指摘できる。1972年に南米ペルーで魚粉の原料となるカタクチイワシの漁獲量が急減すると，代替的な飼料原料としてタンパク質の豊富な大豆に対する需要が増えた。ちょうどこのときに国内生産が低迷した米国が大豆輸出を禁止したため，国際市場での大豆価格が高騰した（小池 2007, 43）。

　これを受けてブラジル政府は，大豆を戦略的商品とみなして，技術開発，価格保証，融資などの面で資金配分を拡大し，大豆の生産とこれを原料とする産業の育成を始めた。大豆とその加工品である大豆油と大豆ミールの生産を増やすことで，貿易収支を改善し，国民の食生活を改善し，食料価格を抑え，さらに内陸部の国土開発を進めることを目指したのである（Warnken 1999, 10-15）。

　国土開発の1つとして1975年に作成した「ポロセントロ計画」(Polocentro) では，農業開発のためのインフラの建設や生産者向けの優遇融資の供給を始めた。米国に代わる大豆の供給源を探していた日本政府もこれに注目し，

1979年に「日伯セラード農業開発事業」(Prodecer) を開始して，資金面と技術面でセラードの農業開発に協力した (Warnken 1999, 76-78；小池 2007, 42-44)。

これらのうち，技術面での取り組みの1つが熱帯向け大豆品種開発である。中緯度帯で栽培される大豆は，日照時間が短くなることで開花する短日植物である。そのため，日照時間に変化の少ない熱帯ではうまく栽培できなかった。そこでブラジル農牧研究公社 (EMBRAPA) は，日照時間の変化に鈍感で，かつコンバインで収穫がしやすいように丈が長くなる品種を開発した。この品種は，早い時期からセラードの農業開発に注目した元経団連会長の土光敏夫氏にちなんで Doko と名付けられ，セラードに広く普及した（本郷・細野 2012, 177-178）。

セラードに入植したのは主に南部からの移住者である。移住希望者は，ポロセントロ計画や日伯セラード農業開発事業などのプロジェクトの中で，農業協同組合や入植会社が実施した入植事業に応募した。組合や会社は，南部で入植を希望する人々を募集し，彼らから集めた出資金を用いて，入植地の土地取得の手続きを行い，道路や学校の建設や農業機械の購入など農業生産と生活のためのインフラを整えた。マットグロッソ州では1970年から1990年の間に，35の組合や会社が104の入植事業を実施し，390万ヘクタールで生産が始まった (Jepson 2006,844)。

## 2-2. サプライチェーンの構築

政府主導の事業により中西部での大豆生産が始まったが，1980年代にラテンアメリカを襲った債務危機により，ブラジル政府は財政支出の削減を迫られ，大豆生産と関連産業の育成における政府の役割も縮小した。

1990年代以降，中国など新興国による穀物需要が増加する中で，政府に代わって大豆生産を促進し，関連産業の成長を担ったのが民間部門である。中でも積極的に事業を拡大したのが，世界の主要産地から穀物をはじめとする農産物を集荷し，世界中に販売する多国籍アグリビジネス（穀物メジャー）

である。ブラジル中西部では，各社の頭文字をとって ABCD と呼ばれる 4 社（ADM, Bunge, Cargill, Louis Dreyfus）が積極的に投資した。これらの穀物メジャーは，産地にサイロなどの保管施設や搾油工場などの加工施設を建設して農産物を買い取ることで市場を作り出すとともに，収穫予定の農産物を担保に，種子・肥料・農薬などの投入財を供給するために必要な資金を生産者に供給した。つまり新興産地においては，穀物メジャーが生産資金の供給や穀物の買い取りなどのサプライチェーンを構築し，生産を促したといえる（小池 2007, 53-62；2013, 175）。

さらに 2000 年代になると，遺伝子組み換え品種とこれに対応した農薬を用いて，不耕起栽培で生産するという技術体系（pacote tecnológico）の普及が進み，穀物メジャーの資金に加えてバイオメジャーの技術が，大豆とトウモロコシの生産拡大に拍車をかけた。

(1) バーター契約の普及

生産者が穀物を生産するには，農業機械をはじめとする資本財のほかに，種子・肥料・農薬などの投入財を確保する必要がある。政府による融資が減少した 1980 年代以降生産者は，バーター契約（英語で barter，ポルトガル語で troca）を利用することで，投入財を手に入れて生産を拡大した。

セラード地域の農業生産には多額の資金が必要になる。石灰による土壌改良に加え，多くの肥料を投入する必要がある。熱帯であることから病害虫の発生も多く，これに対処するために農薬散布の回数も増える。さらに国土の中央部に位置して主要な港から遠いため，地元で調達できる石灰を除いては高い輸送費がかかり，これが投入財の価格に上乗せされる。また，伝統的産地に比べて経営規模が大きいことも，生産に必要な資金を増大させる。

大豆生産に必要な資金の規模を理解するために，セラード地域最大の大豆産地であるマットグロッソ州と，南部の伝統的産地であるパラナ州の大豆生産費用を比べてみよう。ブラジル食料供給公社（Conab）の調査によれば，マットグロッソ州の 2016 年の生産費用はヘクタール当たり 2436 レアル（1 レア

ル34円換算で8万3000円）である。このうち投入財や農作業などの変動費は2130レアル（7万2000円）である。これに対してパラナ州ではそれぞれ3174レアル（10万8000円），2017レアル（6万9000円）である[5]。パラナ州の方が農地価格が高いため全体の生産費用は高くなっているが，変動費はそれほど変わらない。しかし後述するように，典型的な大豆生産者の規模は，マットグロッソ州では1000ヘクタール程度，パラナ州では200ヘクタール程度と大きく異なる。このため，生産者が毎年準備しなければならない資金である変動費は，前者は7200万円，後者は1400万円となり，マットグロッソ州の生産者はかなり多額の資金を準備しなければならない。

それでは生産者はどのように生産資金を調達するのだろうか。マットグロッソ農牧業経済研究所（IMEA）が2016/17年の大豆生産について調査した結果によれば，生産者は大豆生産に必要な資金の33％を自己資金，38％を穀物取引業者や農業資材販売店からの資金，29％を公的資金や民間の金融機関からの融資でまかなう（IMEA 2016）。つまり自己資金だけでは十分でなく，穀物取引業者や農業資材販売店からの資金や金融機関からの融資が重要な役割を果たしている[6]。

1990年代以降，生産者による投入財の調達において広く使われるようになったのが，農産物証券（Cédula de Produto Rural: CPR）を担保とした，生産者，資材販売店，穀物取引業者の三者によるバーター契約である。

ブラジルでは1990年代以降，民間部門が主に生産資金を供給したが，その中心となったのが穀物メジャーをはじめとする穀物取引業者である。これらの業者は，青田買い（soja verde）という方式で，収穫物を引き渡す条件で資材（投入財）を調達する資金を供給する契約を結んだ（小池 2007, 559-

---

[5] 生産費用は，マットグロッソ州はソヒーソ地区（MT2 OGM），パラナ州はロンドリーナ地区（PR1 OGM）の遺伝子組み換え品種のデータを提示した。

[6] マットグロッソ州ルッカス・ド・ヒオ・ベルジの生産者を対象にした事例研究でも，生産者が穀物取引業者などとの契約栽培により投入財を調達することが一般的となっている（佐野 2015）。

562；佐野 2015）。しかし，青田買いは生産者と穀物取引業者の間の契約なので，何らかの事由により生産者が契約を履行しない場合，これを強制的に履行させるには裁判などの手続きが必要になり，債権の回収に多くの時間と費用がかかるという問題点がある。また，穀物取引業者が青田買いを行う際には，どの生産者が契約を履行するのかを見分けなければならない。そのためには生産者情報を収集する必要があるが，その費用が高くつく。

契約履行と情報収集に高い費用がかかるという問題を解決したのが，農産物証券を利用したバーター契約である。1994年の法律によって作られた農産物の現物を担保とした農産物証券（CPR fisica）は，収穫後に農産物を引き渡すことを約束して生産者が発行する有価証券である。生産者と穀物取引業者との個別の債務契約とは異なり，農産物証券の効力は法律で定められている。そのため，生産者が契約を履行しない場合に，穀物取引業者はすぐに債権回収の手続きを始めることができる（Silva 2012, 33-35）[7]。

農産物証券の導入が契約履行の問題点を解決したのに対して，バーター契約は生産者情報の収集に関わる問題を解決した。青田買いでは当初，生産者と穀物取引業者との二者の取引だったのに対して，バーター契約は，生産者，資材販売業者，穀物取引業者の三者の取引である。その仕組みを図6-4に示した。

まず生産者が収穫後に引き渡す大豆（現物）の質，量，引き渡し日や場所などを定めた農産物証券を発行して資材販売店と契約を結ぶ。現物の代わりにレアルやドルなどの金額でも契約を結ぶことができるが，大豆価格や為替レートの変動による影響を避けるために多くの生産者が現物で契約する。資材販売店はその大豆を引き取ってくれる穀物取引業者を探し，価格や量を固定して先物として販売する。資材販売店はその金額に相当する種子・肥料・農薬を生産者に販売する。収穫後，生産者は農産物証券の条件に従って収穫

---

[7] 2001年には，農産物の現物の代わりに同等の現金で決済する農産物証券（CPR financeira）が作られ，現物を必要としない一般の投資家からも広く資金を集められるようになった（Silva 2012, 35）。

図6-4　農産物証券（CPR fisica）を利用したバーター契約（穀物取引業者が資金を供給する場合）

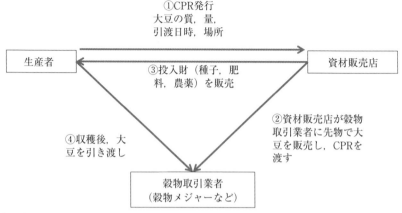

（出所）　Silva（2012, 69, Figura 3.12），De Lima Ramos（2015, 205）を参考に筆者作成。

した大豆を穀物取引業者に引き渡す[8]。資材販売店は日頃から生産者と取引があり，その生産者が契約を履行するかどうかの情報をもっている。さらに，資材販売店の農業技師が圃場を訪れて技術指導をすることで，大豆の生育状況をモニタリングすることができる。つまりバーター契約では，個別の生産者情報を把握している資材販売店に間に入ってもらうことで，穀物取引業者は自ら生産者の情報を収集することなく，生産者に資金を提供して収穫物を確保できる。

このように，主に穀物メジャーがサプライチェーンを構築したことで，生産者はこれを利用して生産を拡大した。

(2)　新しい技術体系の普及

資金供給に加えてセラード地域での穀物生産の拡大を後押ししたのが，新しい技術体系の普及である。2000年代にセラード地域で導入が進んだ新し

---

8) 生産資金の供給は，穀物取引業者ではなく資材販売店が行う場合もある。

い技術体系とは，不耕起栽培という農法，遺伝子組み換え品種（GM品種），それに対応した農薬の組み合わせを指す。そして2000年代半ば以降にこの技術体系に大豆の早生品種が加わることで，トウモロコシの生産も拡大した。

　不耕起栽培とは，耕起をせずに播種をして栽培する方法で，これにより土壌の水分が失われて流出することを防ぐことができるほか，耕起にかかる時間やコストを節約できる。しかし不耕起栽培は，耕起によって雑草を除去できないため，さまざまな種類の除草剤を組み合わせて散布して雑草をコントロールする必要があった。そこで導入されたのが，除草剤耐性を持つGM品種である。この品種の大豆やトウモロコシとそれに対応した除草剤を組み合わせて使うことにより，農薬の散布回数や量を減らすことができると言われている[9]。普及しているGM品種にはこのほか，害虫耐性を持つ品種や，除草剤耐性と害虫耐性の両方を併せ持つ品種がある。

　隣国のアルゼンチンでは1990年代後半にGM品種の導入が進んだが，ブラジル政府はGM品種の導入に慎重で，2003年に大豆，2008年にトウモロコシのGM品種の栽培を正式に承認した。2016年時点で，ブラジル国内で生産されている大豆の97％，トウモロコシの88％がGM品種で，ブラジルは米国に次いでGM品種の栽培面積が多い国となっている（ISAAA 2016）。

　2000年代末から大豆の早生品種の開発・導入が進んだことで，第1作（10〜1月）大豆，第2作（1〜6月）トウモロコシという二毛作の作付体系が普及した。マットグロッソ州ではそれまで，単位面積当たり収量（単収）が低くなることから，第2作でトウモロコシを作ることは一般的ではなかった。通常の大豆品種だと収穫が2月になり，その後にトウモロコシの種をまくと，トウモロコシの開花時期には雨期が終わってしまい，単収が低くなる可能性が高かった。しかし早生種の大豆の開発により，トウモロコシの播種を早め

---

9) 遺伝子組み換え品種については批判も多い。具体的には，除草剤に耐性を持ったスーパー雑草の出現による除草剤散布の増加，散布による生産者や地域住民の健康被害，遺伝子組み換え品種と在来種の交雑による生物多様性の減少などである。(Oliveira and Hecht 2016, 256; 小池 2007, 49-50)。

られたことで，大豆とトウモロコシの両方で安定した単収を見込めるようになった。両方の作物で収益を上げることができれば，施設や農業機械などの固定費を両方の作物に分散でき，それぞれの作物の生産費用を抑えることができる。このため，わずか数年の間で第2作トウモロコシの生産量が大幅に増加した。

## 第3節　自律的経営の増加

　これまでみたように既存研究によれば，ブラジル中西部の新興産地では，信用市場や農産物市場が十分に発達していなかったため，穀物メジャーなどが構築したサプライチェーンに依存する形で，主として数百ヘクタール規模の農場を持つ生産者が穀物生産を拡大してきた。しかし2000年代以降生産量が大きく増える中で，新興産地でも信用市場や農産物市場などが発達している。それに伴って，数千ヘクタールを超える規模の経営を行う生産者が現れている。

　数百ヘクタール規模にとどまる生産者と，数千ヘクタールを超える規模の生産者とでは，農場の経営において何が異なるのだろうか。それを明らかにするために，2017年8月にマットグロッソ州で生産者調査を行った。その結果，資金調達におけるバーター契約の利用の有無が，投入財の購買や農産物の販売において，生産者が発揮できる裁量の余地に大きな違いを生むことが明らかになった。

　具体的には，数百ヘクタールの規模にとどまる生産者は，主にバーター契約を利用して投入財を調達する。購買や販売の方法はバーター契約に定められており，生産者に裁量の余地が残されていない。それに対して数千ヘクタールを超える規模の生産者は，公的または民間の融資などを利用して資金を確保して投入財を調達する。バーター契約を利用しないために，購買や販売において裁量を発揮して，さまざまな手段を利用している。本稿ではこれを自

律的経営と呼ぶ。

ここではまず，調査対象の地域と生産者の特徴について説明し，次に購買と販売の手段に注目して，自律的経営の実態を明らかにする。

### 3-1. 生産者の姿

マットグロッソ州で穀物生産を担うのは，数百ヘクタール以上の規模を持つ家族経営の生産者である。これらの生産者の姿をイメージするために，統計資料や生産者調査のデータを確認する。

まず2006年農業センサスのデータを使って州別の大豆生産者の規模別分布をみてみよう。表6-3では，新興産地のマットグロッソ州と伝統的産地のパラナ州を取り上げ，大豆生産面積の規模別に生産者数と生産量の分布を示した。この表から，収穫面積の合計は両州でそれほど差はないが，マット

表6-3 大豆生産者の規模別分布

| 州 規模 | 実数 | | | 割合（%） | | |
|---|---|---|---|---|---|---|
| | 生産者数 | 生産量(t) | 収穫面積(ha) | 生産者数 | 生産量(t) | 収穫面積(ha) |
| マットグロッソ州 | | | | | | |
| 　10ha 未満 | 38 | 1,175 | 166 | 1.0 | 0.0 | 0.0 |
| 　10ha 以上 100ha 未満 | 645 | 86,444 | 31,071 | 17.1 | 0.7 | 0.7 |
| 　100ha 以上 500ha 未満 | 1,127 | 874,639 | 312,007 | 30.0 | 7.4 | 7.5 |
| 　500ha 以上 | 1,951 | 10,785,008 | 3,843,232 | 51.9 | 91.8 | 91.8 |
| 　合計 | 3,761 | 11,747,266 | 4,186,476 | 100.0 | 100.0 | 100.0 |
| 　生産者当たり平均 | | 3,123 | 1,113 | | | |
| パラナ州 | | | | | | |
| 　10ha 未満 | 33,020 | 431,965 | 182,101 | 41.3 | 4.9 | 5.2 |
| 　10ha 以上 100ha 未満 | 40,190 | 3,157,384 | 1,257,014 | 50.2 | 36.0 | 36.0 |
| 　100ha 以上 500ha 未満 | 6,211 | 3,349,587 | 1,233,359 | 7.8 | 38.2 | 35.3 |
| 　500ha 以上 | 599 | 1,824,912 | 822,277 | 0.7 | 20.8 | 23.5 |
| 　合計 | 80,020 | 8,763,848 | 3,494,751 | 100.0 | 100.0 | 100.0 |
| 　生産者当たり平均 | | 110 | 44 | | | |

(出所) ブラジル地理統計院（IBGE），ブラジル農業センサス（2006年）。

グロッソ州の生産者数はパラナ州の 20 分の 1 以下と少ないことが分かる。生産者当たりの収穫面積と生産量の平均は，マットグロッソ州の 1113 ヘクタール，3123 トンに対して，パラナ州は 44 ヘクタール 110 トンにとどまる。マットグロッソ州は 500 ヘクタール以上の生産者が多く，数で半分強，生産量では 9 割以上を占めている。

マットグロッソ州の大豆生産者の経営の特徴をより詳しく分析するために，筆者は 2017 年 8 月に同州中部のルッカス・ド・ヒオ・ベルジ（Lucas do Rio Verde，以下 LRV）と，同州南部のタンガラ・ダ・セーハ（Tangará da Serra，以下 TS）で，生産者（農場主）に対して調査票に基づくインタビュー調査を実施した。これらの地区を選んだのは，州都のクイアバ市から比較的アクセスがよいことと，調査に当たって生産者協同組合や資材販売店の協力を得ることができたからである。

両地区の大豆の収穫面積を表 6-4 に示した。LRV はマットグロッソ州でも大豆生産の中心地である中北部（Médio-Norte）に位置し，同州を南北に縦貫する幹線道路である国道 163 号線沿いの地区である。1980 年代に国の入植事業によって生産が始まり，2000 年代中頃までに大豆の収穫面積が 20 万ヘクタールを超えている。2016 年には 23 万 7000 ヘクタールで 71 万 1000 トンの大豆が生産された。この地区では，サイロを所有し穀物の保管サービスなどを行うルッカス・ド・ヒオ・ベルジ農業協同組合（COOALVE）の紹介で 7 人の組合員を対象に調査した。ほかにも，資材販売業者，穀物取引業者，農業協同組合などの関係者にもインタビューを行った。

表 6-4　大豆収穫面積の推移

| | ha | | | 1995 年 =100 | |
| --- | --- | --- | --- | --- | --- |
| | 1995 | 2006 | 2016 | 2006 | 2016 |
| マットグロッソ州 | 2,322,825 | 5,811,907 | 9,102,722 | 250 | 392 |
| ルッカス・ド・ヒオ・ベルジ（LRV） | 126,875 | 224,420 | 237,000 | 177 | 187 |
| タンガラ・ダ・セーハ（TS） | 32,000 | 55,000 | 101,000 | 172 | 316 |

（出所）ブラジル地理統計院（IBGE），地区別農業生産統計（PAM）。

TS は中南部 (Centro-Sul) に位置し，州都クイアバ市から北西へ延びる国道 364 号線沿いの地区である。大豆生産が拡大したのは主に 2000 年代後半以降で，2006 年からの 10 年間で同地区の大豆栽培面積はほぼ倍増し，2016 年には 10 万 1000 ヘクタールで 30 万 3000 トンが生産された。この地区では，マットグロッソ州大豆生産者協会 (APROSOJA/MT) が優良農場と表彰した Grupo Morena 農場の紹介で，この農場の生産者を含む 4 人を対象に調査した。

表 6-5 では，調査対象者の農場の概要と経営の特徴について大豆の栽培面積別に並べた。農場の概要では，農場の場所，農場主の年齢，入植年のほか，入植時と現在の農場面積，大豆とトウモロコシの栽培面積，所有する農業機械の台数，農場の労働力を示した。農場面積をみると，入植時の規模を維持する生産者と，規模を拡大する生産者がいることがわかる。栽培面積については，農場面積のほとんどを利用している生産者のほか，まだ一部しか利用していない生産者もいる。このほか，他から農地を借りている生産者は，農場面積よりも栽培面積が大きくなっている。

多くの生産者に共通しているのが，1980 年代に入植した 50 歳代であること，第 1 作に大豆，第 2 作にトウモロコシという作付体系を採用していること，トラクターや収穫機など農作業に必要な機械を所有していること，労働力に家族のほかに常雇用者と季節雇用者を利用していることである。このほか表には記載していないが，基本的には不耕起栽培と GM 品種の技術体系を導入している。しかし大豆については，最近になって非 GM 品種の価格にプレミアム（割増金）が生じていることから，一部の生産者は非 GM 品種も栽培している。トウモロコシは非 GM 品種のプレミアムがなく，すべて GM 品種である。

経営の特徴については，投入財の購買に必要な資金調達の手段，投入財の購買先，農産物の販売方法について記した。注目したいのが，規模によって経営の特徴が異なる点である。1000 ヘクタール未満の生産者は，主にバーター契約によって資材販売店から投入財を調達している。そして，バーター

表 6-5 調査対象生産者の概要

| | | 1 | 2 | 3 | 4 | 5 | 6 | 7 | 8 | 9 | 10 | 11 |
|---|---|---|---|---|---|---|---|---|---|---|---|---|
| <農場の概要> | | | | | | | | | | | | |
| 生産者 番号 | | 1 | 2 | 3 | 4 | 5 | 6 | 7 | 8 | 9 | 10 | 11 |
| 場所[(1)] | | LRV | LRV | LRV | LRV | LRV | LRV | TS | LRV | TS | TS | TS |
| 年齢 | | 59 | 55 | 36 | 58 | 65 | 61 | 46 | 69 | 49 | 50 | 55 |
| 入植年 | | 1984 | 1987 | 1986 | 1986 | 1986 | 1982 | 1993 | 1981 | 2007 | 1985 | 1989 |
| 農場面積 | 入植時面積 ha | 150 | 400 | 400 | 400 | 400 | 200 | 1,100 | 200 | 500 | 1,500 | 0 |
| | 現在面積 ha | 150 | 400 | 400 | 1,000 | 1,850 | 1,200 | 2,500 | 2,500 | 2,000 | 1,500 | 3,400 |
| 栽培面積 | 大豆 ha | 125 | 350 | 400 | 700 | 850 | 1,100 | 1,800 | 2,000 | 2,000 | 3,200 | 9,500 |
| | トウモロコシ ha | 125 | 350 | 400 | 600 | 400 | 1,100 | 1,800 | 2,000 | 1,400 | 2,600 | 4,500 |
| 機械 | トラクター 台 | 3 | 2 | 4 | 3 | 5 | 5 | 6 | 5 | 7 | 12 | 9 |
| | 播種機 台 | 1 | 1 | 2 | 2 | 2 | 1 | 3 | 2 | 6 | 5 | 4 |
| | 噴霧機 台 | 1 | 1 | 1 | 2 | 1 | 1 | 1 | 2 | 1 | 3 | 2 |
| | 収穫機 台 | 2 | 1 | 2 | 2 | 2 | 2 | 3 | 4 | 4 | 5 | 7 |
| 労働力 | 家族 人 | 1 | 1 | 3 | 1 | 1 | 2 | 1 | 2 | 3 | 4 | 5 |
| | 常時雇用 人 | 1 | 1 | 1 | 1 | 3 | 3 | 10 | 6 | 15 | 20 | 30 |
| | 季節雇用 人 | | 1 | 2 | 3 | | 1 | 5 | 10 | 6 | 7 | 5 |
| <経営の特徴>[(2)] | | | | | | | | | | | | |
| 資金調達 | バーター契約 | ◎ | | ◎ | ◎ | | | | | | | ◎ |
| | 公的融資 | | ○ | | | ◎ | ◎ | ◎ | | ◎ | ○○○ | ◎ |
| | 民間融資 | | ◎ | | | | | | | | | |
| | 自己資金 | | | | | | ◎ | ◎ | ◎ | | | |
| 投入財購買先 | 資材販売店 | ◎ | ○ | | ◎ | ◎ | ◎ | | ◎ | ◎ | ◎ | ◎ |
| | 穀物取引業者 | | ○ | ◎ | | | | ◎ | | | | |
| | 多国籍企業 | | | | | | | | | | | |
| | 共同購買の利用 | | | | | | | | | | | |
| 販売方法 | バーター契約 | ◎ | | ○ | ○ | ◎ | ◎ | | | ◎ | ◎ | ◎ |
| | 先物販売 | | ◎ | ◎ | ◎ | | ◎ | ◎ | | ◎ | ◎ | ◎ |
| | スポット販売 | | ○ | | | | | | | | | |

(出所) マットグロッソ州での調査(2017年8月)に基づき筆者作成。
(1) LRV:ルッカス・ド・リオ・ベルジ (Lucas do Rio Verde)、TS:タンガラ・ダ・セーハ (Tangarrá da Serra)。
(2) 資金調達、投入財調達先、販売方法は、50%以上利用で利用する項目には◎、それ未満で利用する項目には○。

契約に基づいて大豆やトウモロコシを資材販売店や穀物取引業者へ販売している。これに対して1000ヘクタール以上の生産者は，主に公的または民間の融資や自己資金で資金を調達し，そのお金で穀物取引業者や多国籍企業から，共同で投入財を購入している。そして，農産物は先物やスポットで販売している。この経営の特徴について，以下で詳しく説明する。

なおこのほかにも，農業機械などの資本財購入の資金調達手段もたずねたが，いずれの場合も公的融資と民間融資（信用組合や農業機械販売店系列の金融機関）を利用しており，生産者の間で大きな違いはみられなかった。

3-2. 経営の特徴

生産者調査の結果，投入財を調達するために選択する資金供給の手段が，投入財の購買と農産物の販売の手段に大きな影響を与えていることがわかった。具体的には，バーター契約を利用して資金を調達した生産者は，契約で定められた通りの手段でしか投入財の購買や農産物の販売ができない。一方で，バーター契約を利用せずに自己資金や銀行からの融資で資金を調達した生産者は，購買や販売においてさまざまな手段を選択できる。つまり，農場経営においてより大きな裁量を発揮できることになる。ここでは，購買や販売における手段とその特徴について，生産者調査から得られた情報をまとめた表6-6に沿って説明する。

(1) 購買

生産者は生産を始める前に，種子，肥料，農薬といった投入財を購買する資金を調達する必要がある。その手段として，自己資金のほか，青田買い，バーター契約，公的融資または民間融資を利用する。

青田買いでは，収穫する予定の農産物を担保に，知り合いの生産者や資材販売店からお金を借りる。返済額は大豆など現物の量（袋数）で合意することが多い。調査対象のうち，1生産者のみが月利2%（年利換算27%）で利用していた。以前は利用していたという生産者がほかにもいたが，金利が高

表6-6 購買・調達の手段

| 分野 | 項目 | 手段 | 特徴 |
|---|---|---|---|
| 購買 | 資金調達 | 青田買い | 収穫物を担保にした融資。金利が最も高い。支払いは現物 |
| | | バーター契約 | 収穫物の引き渡しを条件に投入財を調達する契約 |
| | | | 支払いは現物または金額（レアルかドル建て）。金利高い |
| | | 公的融資 | ブラジル銀行などによる低利融資。融資限度あり。レアル建て |
| | | 民間融資 | 民間銀行による融資。金利は公的融資より少し高い。レアルかドル建て |
| | | 自己資金 | 金利がかからないが、十分でないことが多い |
| | 購買先 | 資材販売店 | 技術指導付き、購買単位が小さく、割高 |
| | | 多国籍企業 | 技術指導なし、購買単位が大きく、割安 |
| | 購買単位 | 個人購買 | 個人で資材販売店から購入 |
| | | 共同購買 | 複数の経営体でまとめて購入。個人より安い |
| | 購買形態 | パッケージ | 割安のジェネリック農薬など、標準的な資材の組み合わせ |
| | | アラカルト | 生産者が個別に製品名を指定。最新の技術も利用できる |
| 販売 | 販売方法 | バーター契約 | バーター契約に基づく収穫物の引き渡し |
| | | 先物販売 | 播種前・収穫前に、引き渡し時期、価格、量を固定 |
| | | スポット販売 | 収穫後、調整済みの穀物を保管して、市況等に応じて販売 |
| | 販売先 | 資材販売店 | バーター契約に基づく収穫物の引き渡し |
| | | 穀物取引業者 | バーター契約の納入先となるほか、先物・スポットでも買い入れ |
| | | 加工工場 | 搾油・飼料工場、エタノール工場など。先物やスポットで買い入れ |
| | | ブローカー | 情報提供、販売仲介 |
| | | 協同組合 | 情報提供、サイロでの調整・保管 |
| | 販売形態 | 未調整 | 圃場で収穫しトラックに積み込んで、納入先に引き渡し |
| | | 調整済み | 協同組合等のサイロに入れて、夾雑物除去、分類、乾燥してから販売 |
| | | 調整・保管 | 個人・共同で所有するサイロで調整後、商品を保管して販売 |

（出所）マットグロッソ州での生産者調査（2017年8月）に基づき筆者作成。
（注）バーター契約の場合は、網掛けの手段に限られる。

いため現在は利用していなかった。

　バーター契約では、収穫予定の農産物を担保に、資材販売店から投入財を購入する。第2節で説明した通り、現在は農産物証券を利用して、生産者、資材販売店、穀物取引業者の3者で行われることが多い。金利は生産者によって異なるが、生産者の1人は、月利1%（年利換算13%）で利用していた。

　銀行からお金を借りる場合には公的融資と民間融資がある。公的融資は、農業生産に必要な投入財の費用（custeio）をまかなうために連邦政府が準備したレアル建ての資金を、ブラジル銀行や協同組合を通して借り入れる。調査対象の生産者は、500ヘクタール程度までの中規模生産者向けの融資制度（Pronamp Custeio、年利7.75%）か、それ以上の大規模生産者向けの融資制度（Custeio Agropecuário、年利8.75%）を利用していた。

民間融資は民間金融機関からの融資で，調査対象の生産者のいくつかは，ラボバンク（オランダの農業向け信用組合ラボバンクのブラジル法人）から融資を受けていた。レアル建てのほかドル建ても選べ，生産者の1人はドル建て（年利6.55%）で利用していた。

生産者は自己資金とこれらの資金調達手段を組み合わせて，投入財の購入に必要な資金を確保する。生産者が一番簡単にアクセスできるのは青田買いである。個人間の取引なので，貸し手さえ見つかればいつでも資金を確保できる。次がバーター契約である。農産物を生産できることを示すCPRを準備して取引のある資材販売店へ持ち込めば，投入財を入手できる。これらに対して公的融資や民間融資はハードルが高い。融資の手続きに時間がかかるのはもちろん，銀行に返済できることを示すには，適切に処理した会計書類を提示する必要がある。さらに，土地の登記や信用履歴に問題があると利用できない。ある生産者は，所属していた協同組合が1990年代に倒産して債務を返済できなかったために，それ以降，個人でも公的や民間の融資を利用できないという。会計処理を外部の会計士へ依頼する，土地登記や信用履歴の問題を解決する，そして公的・民間融資に関する情報収集を行い，作付に間に合うように手続きをするなど，ある程度の経営資源を財務管理に投入してはじめて，融資が利用できるようになる。

投入財の購買における資金調達手段の違いは，金利だけでなく，投入財の購買先，購買単位，購買形態でも違いを生み出す。バーター契約で資金を調達すると，契約を結んだ資材販売店から個人で投入財を購入することになる。この場合，その地域でよく利用される種子・肥料・農薬がパッケージとなって提供される。最新の技術を用いた農薬ではなく，割安なジェネリック農薬が入っていることも多い。購買の単位が小さく，資材販売店の担当者が圃場を訪問して栽培に関する助言を行う技術指導料が含まれているため，その分割高になる。

これに対して融資や自己資金を利用して現金で購入すると，購入先，購入単位，購入形態を生産者が選択することができる。購入量が多ければ，資材

販売店ではなく農薬の製造元(メーカー)である多国籍企業から直接に割安で購入できる。購買形態についても,最新の技術を取り入れた製品など,生産者が個別に製品名を指定して購入できる。

(2) 販売

農産物の販売については,バーター契約を利用した場合には,契約の内容に定められた品質,数量,納入場所に従って農産物を引き渡して債務を返済する。生産者が,収穫した穀物をトラックに積んで,指定された穀物取引業者のサイロに納入するのが一般的である。これに対して融資や自己資金を利用した場合には,販売方法,販売先,販売形態についていくつかの手段の中から選ぶことができる。

販売方法には先物販売とスポット販売がある。先物販売では,収穫までに,売り手と買い手の間で,農産物の引き渡し時期,品質,数量,価格,納入場所などの条件を詰めて売買契約を結ぶ。価格はシカゴ市場の先物取引価格を基準に決めることが多い。スポット販売では,産地の穀物取引業者や加工工場がそれぞれの需要に基づいて価格を提示し,それに対して生産者が保管している農産物を販売する。

販売先は,穀物メジャーと呼ばれる多国籍の穀物取引業者か,国内企業の加工工場になる。穀物取引業者は産地の主要都市に大型のサイロや搾油工場を持っており,大豆なら粒のまま,もしくは搾油したあとの大豆油と大豆粕を,主に輸出市場に向けて出荷する。加工工場は,大豆やトウモロコシを原料として家畜の飼料やバイオ燃料を製造する。生産者は穀物取引業者や加工工場へ直接販売する以外にも,価格情報の収集や販売を仲介するブローカーやサイロで一端保管してくれる協同組合経由で販売する。サイロを利用する場合には,所有者に調整と保管の料金を支払う。

販売形態には,圃場で収穫した穀物をトラックに積み,そのままで穀物取引業者などのサイロに納入する形態(未調整,balcao)と,収穫後に一旦サイロに保管して,夾雑物を取り除いて分類・乾燥して,商品とする形態(調

整済み，beneficiado）がある。バーター契約で引き渡す場合には未調整が一般的だが，収穫後すぐに販売しない場合には，調整・保管してから販売する。

### 3-3. 自律的経営

今回の生産者調査では，バーター契約の利用の契約の有無によって，生産者が利用できる購買・販売の手段が大きく異なることが分かった。比較的規模の小さな生産者はバーター契約を利用して資金を調達するために，購買と販売の手段を選ぶ際に裁量の余地がない。一方で，栽培面積が1000ヘクタール以上の比較的規模の大きな生産者は，バーター契約以外の方法で資金を調達することで，自らの裁量で購買と販売の手段を選ぶことができる。つまり，農場の経営において裁量の余地が大きいため，さまざまな工夫をすることで，生産費用を抑え，販売価格を引き上げることが可能になる。ここではこのようなバーター契約を利用しない経営の方法を自律的経営と呼ぶ。

今回調査した自律的経営では，ほかの生産者との共同購買（pool de compra）を利用して，投入財をメーカーである多国籍企業から購入していた。共同購買とは，農業コンサルタントなどが近隣の生産者の購買をとりまとめてメーカーなどと交渉して購買する方法で，個人単位よりも割安な価格で購入できる。資材の選定にあたっては，資材販売店や農業コンサルティング会社が提供する精密農業の圃場診断を利用する。この診断では，圃場を数ヘクタール単位の区画に分け，播種前の土壌分析や栽培期間中の茎葉分析によって，各区画に必要な肥料や農薬を特定する。生産者はこれらの結果にもとづいて肥料や農薬を散布する。散布に際しても，精密農業に対応したトラクターや農薬散布機を利用して，区画ごとに散布量を変えることで，資材を節約し，肥料や農薬の効果を高めることができる。

販売においても自律的経営ではさまざまな工夫をしている。産地における農産物の販売価格は，一般に収穫期には下がり，次の収穫期に向けて少しずつ上がってゆく。国内最大の穀物産地であるマットグロッソ州では，収穫量に対して十分な保管施設がないことから，多くの生産者が収穫直後に販売す

る。そのため，収穫期の直後は供給が需要を上回り価格が下落する。そこで自律的経営の多くは，協同組合や生産者組織が所有するサイロで調整・保管し，市況に合わせて販売することで，低価格での販売を避ける。公的融資を利用して個人でサイロを建設した生産者もいる。個人や共同で所有するサイロを利用すれば，調整・保管にかかる費用を節約することができる。

販売の方法では，市場価格が下がったときに大きな損失を被らないようにスポット販売と先物販売を組み合わせるほか，ドル建てで購入する輸入資材の支払いも考慮して，販売の際にはレアル建てとドル建てを組み合わせることもある。また，主に輸出する穀物メジャーだけでなく，国内市場向けの加工工場などに販売先を多様化することで，国際価格の変動の影響を減らす工夫をしている。

このように自律的経営は，バーター契約に頼らずに資金を調達することで，購買や販売で裁量を発揮して利益を確保し，規模の拡大につなげようとしている。

### 3-4. 経営体の成長

規模別経営体数の変化の傾向や生産者の収益構造も，大規模な生産者が自律的経営によって拡大する可能性が高いことを示している。

表6-7は，1995年と2006年の農牧業センサスの結果から，生産者調査を行った2つの地区の所有農地規模別の経営体数の推移を示したものである。データの制約により，大豆の栽培規模ではなく，単年度作物の生産に従事する経営体の所有農地の規模別経営体数と割合を示している。両地区においては，大豆が最も多く栽培されている単年度作物で農地の約6割を占めていることから，大豆の生産規模の動向もこの表の結果に準じていると考えられる。これをみると，1995年から2006年の間に1000ヘクタール未満の農地規模の生産者数が大きく減っていることが分かる。ここから，1000ヘクタール未満の比較的小さな生産者が生産から退出する一方，大規模生産者はそれらの農地を吸収して，規模を拡大していると考えられる。2017年農業センサ

表6-7 単年度作物の生産に従事する生産者の規模別分布

| 地区　農地規模[1] | 生産者数 | | 生産者数の割合（％） | |
|---|---|---|---|---|
| | 1995 | 2006 | 1995 | 2006 |
| ルッカス・ド・ヒオ・ベルジ | | | | |
| 　100ha 未満 | 34 | 17 | 9 | 9 |
| 　100-500ha | 222 | 65 | 59 | 33 |
| 　500-1000ha | 71 | 49 | 19 | 25 |
| 　1000-2000/2500ha[2] | 34 | 44 | 9 | 22 |
| 　2000/2500ha 以上[2] | 14 | 16 | 4 | 8 |
| 　不明 | 0 | 6 | 0 | 3 |
| 　合計 | 375 | 197 | 100 | 100 |
| タンガラ・ダ・セーハ | | | | |
| 　100ha 未満 | 315 | 131 | 70 | 76 |
| 　100-500ha | 100 | 17 | 22 | 10 |
| 　500-1000ha | 11 | 7 | 2 | 4 |
| 　1000-2000/2500ha[2] | 9 | 9 | 2 | 5 |
| 　2000/2500ha 以上[2] | 17 | 9 | 4 | 5 |
| 　不明 | 0 | 0 | 0 | 0 |
| 　合計 | 452 | 173 | 100 | 100 |

（出所）　ブラジル地理統計院（IBGE），ブラジル農業センサス 1995（Tabela 311），2006（Tabela 792）より筆者作成。
（注）　（1）単年度作物の生産に従事する生産者の所有農地面積。
　　　（2）1995 年は 2000ha，2006 年は 2500ha が境界値。

スの詳細なデータが公表されておらず，この後の動向は数字では確認できない。しかし，生産者調査の際に生産者から聞いた話では，この傾向は現在でも続いている。

　大豆生産者の収益構造からも，生産者が成長するための利益を確保するには，自律的経営が必要なことが分かる。マットグロッソ農牧業経済研究所（IMEA）が公表している大豆の生産費と販売価格のデータによれば，現在の平均生産費は収穫時のスポット価格を上回っている[10]。例えば，2017 年 8 月に投入財を調達した際の生産費は，1 ヘクタール当たり 3545 レアルで，ヘクタール当たりの収量が 56.79 袋とすると，1 袋当たり 62.42 レアルになる。

---

10) マットグロッソ農牧業経済研究所（IMEA）のウェブサイトに生産費や市場価格の情報が掲載されている（http://www.imea.com.br/imea-site/relatorios-mercado）。ここでは，2017 年 8 月の生産者費用と 2018 年 2 月のスポット価格を用いて試算した。

その大豆の収穫期である 2018 年 2 月初めのスポット市場での大豆価格は 56.15 レアルなので，1 袋当たり 6.27 レアルの赤字になる。この生産費はバーター契約での投入財の調達を想定しているほか，地代や農業機械の利用料金も生産費の中に含まれている。そのため，バーター契約を利用しても，所有地の地代分を考慮すれば赤字になることはない。しかし農地を拡大し，最新の農業機械を購入して成長するためには，バーター契約を使わない自律的な経営の方が有利となる。

## おわりに

　中国をはじめとする新興国による需要の増加に対応して，ブラジルは大豆の生産・輸出を増加させ，米国を追い抜いて世界一の輸出国になった。大豆に続いてトウモロコシの生産も増えており，アルゼンチンを追い抜いて米国に続く輸出国となっている。
　この穀物生産の中心がブラジル中西部に広がるセラード地域である。それまで農業にはほとんど利用されていなかった地域が，過去 40 年ほどの間に世界でも有数の穀物生産地帯へと変貌した。
　穀物生産の担い手となったのが主に南部から入植した生産者である。当初は，政府の入植事業や公的融資を利用して生産を始めた。しかし，債務危機で政府の役割が縮小した 1980 年代からは，穀物メジャーと呼ばれる多国籍の穀物取引業者などが中心となって供給した生産資金と，これらがサイロや搾油工場の建設により作り上げた市場に依存しながら，生産を増やした。さらに 2000 年代に入ってからは，バイオメジャーが開発した GM 品種や農薬を利用した技術体系と，大豆とトウモロコシを組み合わせた二毛作の作付体系を導入して供給を増やした。つまり，穀物メジャーが中心となって構築した穀物のサプライチェーンに生産者が組み込まれることで，セラード地域の穀物生産は増加してきたと言える。

このサプライチェーンに依存する限り，生産者が利益を増やして生産規模を拡大することは難しい。公的融資や民間融資を利用できない生産者は，サプライチェーンが提供するバーター契約によって生産に必要な投入財を調達する。しかし比較的容易に資金が調達できるのと引き換えに，高い金利の支払いを求められるだけでなく，契約に定められた通りに投入財を購買し，農産物を販売しなければならない。つまり，生産者が経営能力を発揮するのは，生産のみに限られる。

しかし最近になって，この地域における穀物生産の増加に伴って産地の信用市場や農産物市場が発達したことで状況が変わりつつある。バーター契約に頼ることなく公的・民間融資を利用して資金を調達し，購買や販売でさまざまな経営能力を発揮することで，規模を拡大する生産者が現れている。

ブラジル中西部における穀物生産では，資金調達にかかわる財務管理が経営体の成長に大きな影響を与える。バーター契約に頼らずに資金調達をすれば，単に金利負担が減少するだけでなく，生産者は購買や販売などさまざまな段階で経営能力を発揮して成長する機会を得ることになる。このような自律的経営が，今後は穀物生産において重要な位置を占めるようになるだろう。


〔参考文献〕


<日本語文献>
小池洋一 2007.「ブラジルの大豆産業——アグリビジネスの持続性と条件」星野妙子編『ラテンアメリカ新一次産品輸出経済論』アジア経済研究所.
――― 2013.「開発と持続可能性」近田亮平編『躍動するブラジル——新しい変容と挑戦』アジア経済研究所.
佐野聖香 2015.「ブラジルにおける大豆生産と契約栽培」『アジア経済』56(4): 57-87.
本郷豊・細野昭雄 2012.『ブラジルの不毛の大地「セラード」開発の奇跡——日伯国際協力で実現した農業革命の記録』ダイヤモンドビッグ社.
阮蔚 2009.「中国——高い自給率の維持を目指す食糧生産」農林中金総合研究所編

『変貌する世界の穀物市場』家の光協会.

＜外国語文献＞

De Lima Ramos, Christian 2015. "Sowing the Good Seeds: The Brazilian Experience of Agriculture Financing." In *Research Handbook on Secured Financing in Commercial Transactions*, edited by Frederique Dahan. Northampton: Edward Elgar.

GRAIN 2013. "The United Republic of Soybeans: Take Two" (https://www.grain.org/article/entries/4749-the-united-republic-of-soybeans-take-two).

IMEA 2016. "Composição do funding do custeio da soja para safra 2016/17 em Mato Grosso." Instituto Matogrossense de Economia Agropecuária, Novembro 2016 (http://www.imea.com.br/upload/pdf/arquivos/E040_Analise_da_nova_composicao_do_funding_do_credito_agricola_do_Brasil.pdf).

ISAAA 2016. *Global Status of Commercialized Biotech/GM Crops: 2016*. ISAAA Briefs No. 52.

Jepson, Wendy 2006. "Private Agricultural Colonization on a Brazilian Frontier, 1970 - 1980." *Journal of Historical Geography* (32): 839-863.

Oliveira, Gustavo and Susanna Hecht 2016. "Sacred Groves, Sacrifice Zones and Soy Production: Globalization, Intensification and Neo-nature in South America." *The Journal of Peasant Studies* (43): 251-285.

Silva, Felipe Prince 2012. "Financiamento da cadeia de grãos no Brasil: o papel das trading e fornecedores de insumos." Dissertação de mestrado. Universidade Estadual de Campinas, Instituto de Economia.

Warnken, Philip F. 1999. *The Development and Growth of the Soybean Industry in Brazil*. Ames: Iowa State University Press.

［付記］本研究の予備調査において，ブラジル・マットグロッソ州農牧経済研究所（IMEA）の協力を得た。記して感謝したい。また本研究の実施にあたり，科研費基盤研究（C）「ラテンアメリカにおける農業企業の拡大」（代表者・清水達也，JP15K01906）の助成を受けた。

# 終章

# 途上国における新しい農業経営の姿

清水　達也

　食料生産を担う農業は，農地，日照，降雨といった自然環境を利用して，私たちが生きてゆくために欠かせない食料を生み出す産業である。そして農業生産においてこれまで中心的な役割を果たしてきたのが，家族がもつ農地，資本，労働力を主に利用して農業を営んできた伝統的な家族経営である。

　しかし生産要素市場や農産物市場など，農業をめぐる環境が大きく変化する中で，伝統的な家族経営とは異なる新しい農業経営が生まれている。なかでも，食料作物の増産を成し遂げ，さらに輸出市場や国内の都市部市場向けの農産物生産が増えているアジアやラテンアメリカの中所得国では，新しい農業経営が成長している。今後も食料に対する需要の増加が続く中で，これらの農業経営体は，次世代の食料供給の担い手として重要な役割を果たすと考えられる。

　そこで本章では，世界の農業の変化を概観した第1章と，各国の傾向や事例を取り上げた第2～6章をまとめる形で，中所得国で成長しつつある新しい農業経営の姿を描く。まず第1章の分析に基づいて，各国の経済における農業部門の役割の変化について考察する。具体的には，生活の場としての農業から，産業としての農業へ変化しつつあることを示す。次に，成長する農業経営体の事例分析から，新しい農業経営の特徴を明らかにする。最後に，先進国でも途上国でも同様の傾向がみられる点について考察するとともに，新しい農業経営が農業部門の発展に与える影響について指摘する。

1-1. 農業の役割の変化

第1章で紹介した「3つの農業問題」が示すように，経済全体における農業の役割や課題は，経済発展に伴って変化してきた。

経済発展の初期段階である低所得国では，生産においても雇用においても農業部門が大きな割合を占める。工業化が始まり人口と所得水準が上昇するにつれて食料需要が増大するため，いかにして十分な食料を安価に生産するかが農業部門の課題となる。

ある程度の工業化が進むと，経済全体における農業の相対所得は低下し，都市労働者と農業生産者の間の経済格差が広がる。これは，農業部門の就業者の割合が徐々に減少するのに対して，農業部門の総生産の割合が大きく減少するからである。

しかし今回取り上げた中所得国では，農業の相対所得の低下が底を打ち，上昇へと向かっている（第1章図1-2）。これは，農業部門の就業者の割合が大きく減少したことで，農業生産者1人当たりの農地や資本が増え，労働生産性が上昇したためである。

それと同時に，新興国の成長などによって増大する食料需要を満たすために，中所得国の農業部門が生産する農産物の価値が増大している。これは，非農業部門ほどではないものの農業部門の総生産が増加していることや，貿易自由化の進展により，穀物を上回る勢いで油料作物や野菜・果物の輸出総額が増えていることからもわかる（第1章図1-3）。

以上より，中所得国における農業部門は，農村人口に最低限の雇用を提供する生活の場としての役割が弱まり，基礎的な食料はもちろん，国内外の需要に対応して食料供給を行う産業としての役割が強まっているといえる。

そしてこのような農業の拡大の一翼を担っているのが，中所得国において市場や技術をはじめとする農業をめぐる変化に積極的に対応して成長をしている農業経営体である。農業経営を取り巻く環境は国や地域によって大きく異なるため，このような経営体の特徴を一概に述べるのは難しい。しかし第1章第3節で取り上げたように，中所得国における農業部門の構造変化には

共通点もみられる．例えば，就業構造の変化，農地市場の活性化，生産者組織や農業インテグレーションの普及である．このような変化への対応に関して，アジアやラテンアメリカの事例から，次世代の食料供給を担う新しい農業経営の姿を描いてみよう．

### 1-2. 新しい農業経営の特徴

中所得国において成長する農業経営体には，戦略，構造，機能において，いくつかの共通する特徴がみられる．具体的には，戦略では，①経営規模の拡大と，②高付加価値農産物の生産，構造では，③家族経営による外部資源の活用と，④中間組織の利用，そして機能では，⑤生産以外の経営管理機能の重視である．各事例からのエッセンスを抽出する形で，以下に新しい農業経営の姿を詳しく説明したい．

### ①　経営規模の拡大

農業生産における経営規模の零細性は，先進国か途上国かにかかわらず，多くの国の農業部門が抱える共通の問題点である．そのなかで経営規模の拡大は，成長を目指す新しい農業経営が最初に選択する戦略といえる．

経営規模の拡大が可能になった背景には，各国において，集団や個人が農地を所有または利用する権利が確立し，さらに賃貸借や売買によって，権利の移動が可能になったからである．その結果，個人が所有・利用する小規模な圃場をまとめたり，所有権や利用権を新規に取得したり，未利用の農地がある場合には新たに開拓するなどして，従来の伝統的な家族経営と比べて大きな規模での農業生産を目指すようになった．

経営規模拡大の目的として第1に挙げられるのが，生産規模の拡大による生産性の向上である．中国の専業合作社が区画整理を行って農地の集約を進めたり，ブラジルの大豆生産者が大型農業機械を用いて大規模生産を行うのがこれにあたる．また，タイの稲作では地域内での農作業の受委託が増加している．機械を所有する大規模農家や専門業者が，投資を回収するために，

地域内の農家から作業を受託して稼働率を高めている。ここでは稲作の経営規模ではなく，農作業受託の経営規模の拡大により，生産性が向上しているといえる。

　新しい農業経営は，生産以外でも規模拡大によるメリットを追求している。例えば，投入財の調達は農産物の販売規模が大きいほど有利な条件を引き出せる。また，経営手法や栽培技術に関する知識は，一度習得してしまえば規模が拡大しても適用できる。ブラジルの大豆生産では，投入財の購入規模が大きいほど単価が安くなり，収穫物の販売規模が大きいほど有利な取引条件を得ることができる。ベトナムやメキシコの経営体が新たな作物を導入する場合でも，規模が大きいほど農産物1単位当たりのコストが低くなり，規模拡大が有利に働いている。

　② 高付加価値農産物の生産

　規模の拡大と並んで，高付加価値農産物の生産も，新しい農業経営が選択する戦略の1つである。穀物など主食となる作物の需要は，中所得国における所得水準の上昇に伴って減少していく。供給が減らなければ価格が下落し，生産者にとっては所得の減少につながる。それに対して高付加価値農産物は，所得水準の上昇に伴って需要が増加し，生産者に所得水準の上昇をもたらす農産物である。中国，ベトナム，メキシコの経営体が手がけるような，都市部や輸出市場に向けた青果物や畜産物がこれにあたる。

　農産物はそれに高い価値を見いだす需要と結びついて初めて高付加価値農産物となる。そのため，高付加価値農産物を生産するには，小売業者，フードサービス，食品製造業者など，需要サイドと結びつくインテグレーションが必要となる。その農産物に価値を見いだして高く買ってくれる需要が確実にあるからこそ，生産者は一般の農産物と比べて多額の投資を行い，手間や費用をかけて農産物を生産するからである。そのため，中国の事例のように販路をもつアグリビジネスが設立した合作社や，自ら販路の構築に取り組むメキシコの蔬菜生産企業が，インテグレーションに取り組んでいる。

### ③ 家族経営による外部資源の活用

　農業経営体の構造については，家族経営による外部資源の活用が挙げられる。伝統的な家族経営では，家族が所有する土地，労働力，資本の利用が基本になる。しかしそれでは，規模の拡大や高付加価値農産物の生産に限界がある。今回取り上げた事例の農業経営体は，外部資源を積極的に活用することで，家族の経営資源だけではできない規模や農産物の生産を行っている。

　土地については規模の拡大のところで述べたが，労働力についても外部の資源を調達することで，規模の拡大に見合った量の労働力と，高付加価値農産物の生産に求められる専門的な人材を確保することができる。例えば，異業種から農業に参入したベトナムの大規模農家（チャンチャイ）は，専門家や外部からの知識を取り入れることで，積極的に新しい作物の導入を進めている。メキシコの蔬菜生産では，収穫作業や選果・パッキングに多くの労働力が必要になるが，外部から雇用労働力を導入することで，輸出市場が求める規模での供給を可能にしている。ブラジルの大豆生産における精密農業に関する農業コンサルティング・サービスの利用は，データの収集や分析における専門的なノウハウを外部から取り入れて利用している。またタイの稲作経営のように，農作業受託という外部資源を利用することで，経営体内に十分な労働力がなくても経営を存続することができる。

　家族経営の優位性の１つとして，自らが所有する農場内の農業生産に関する勘や経験の移転が家族以外には難しい点を指摘した。しかし野菜や果物など新しい作物の生産を始める場合には，これまでの勘や経験よりも，その作物の栽培に関する外部からの情報が有用になる。つまり，外部資源をうまく活用すれば，家族経営の優位性を上回ることができるといえる。

### ④ 中間組織の利用

　農業経営体の構造に関わる傾向としてもう１つ挙げられるのが，中間組織の利用である。第１章では農業協同組合，水利組合，農業機械利用組合，集落営農を挙げ，小規模な家族経営間で連携し，大規模経営農家と対峙する競

争力を維持する組織として位置づけた。本書が取り上げた農業経営体でも，個別の経営体単独では難しい場合に中間組織を利用している。

中国の場合は，中間組織である農民専業合作社が新しい農業経営の中心的な役割を果たしている。ここでは，地元の村が農地や労働力をとりまとめ，アグリビジネスが技術，経営ノウハウ，資金，販売力を提供し，合作社としてこれを組み合わせることで，農業生産者だけではできない農産物の供給が可能になっている。

このほか，メキシコの蔬菜生産者は，地域の生産者組織のプロジェクトとして生産に関わる認証制度を作ることで，品質の向上とブランドの確立を試みている。またブラジルの大豆生産者は，共同で投入財を購買することでコストの削減に努めるほか，サイロを共同で建設・利用することで，収穫後の穀物の保管に関する費用を節約している。

今回の事例で取り上げた，新しい農業経営が活用する中間組織の特徴は，明確な目的の下で運営され，利用者にとって費用と便益がはっきりしていることである。この点で，地域社会を基盤とし，公共性が強く，包括的な目標を掲げているような従来の中間組織とは性格が異なっている。

⑤ 生産以外の機能の重視

中所得国で成長する農業経営体の傾向として最後に指摘したいのが，生産以外の経営管理機能の重視である。伝統的な家族経営では，農家が所有する土地と労働力を主に用いて，それだけでは足りない資源を副次的に外から調達してきた。このような経営体は，いかにして質のよい農産物を多く作るかという生産管理に重きを置いてきた。序章で述べた経営体の機能でいえば，「管理的意思の決定」の中の生産管理や，それに基づいて日々の経営活動を管理する「業務的意思の決定」に当たる。

それに対して本書が取り上げた農業経営体では，需要に合わせて生産する農産物を選択するほか，積極的に外部の資源を取り込んで生産し，有利な条件での販売を目指している。そのために経営体は，市場状況を把握し，いか

にして外部の資源を調達して組み合わせ，それを管理するかに重きを置いている。農産物の選択や内部と外部の資源の組み合わせを考えるのは「経営戦略の策定」に当たり，外部の労働力，資金，情報を管理するのは「管理的意思の決定」のなかの労務管理，財務管理，販売管理に当たる。

例えば労務管理についていえば，雇用労働力に依存して成長する経営体は，労務管理の工夫によって，雇用労働力とのコミュニケーションを改善して生産性の向上に努めている。ベトナムの情報通信技術を利用した管理やメキシコの労働者の待遇改善がその事例である。

財務管理では，どのようにして外部から有利な条件で資金を調達するかがカギとなる。金融機関からの融資によって資金を調達するブラジルの大豆生産者は，経営状況を説明できるようにするために適切な会計処理を行っているのはもちろんのこと，土地の登記や過去の融資返済に問題がないなどの金融機関が求める条件を一つ一つクリアすることで，金利が安くて購買や販売に制約が少ない資金の確保に努めている。

販売管理は高付加価値農産物の生産と大きく結びついている。品質の高い農産物は，途上国で一般的な市場（いちば）ではなく，国内外のスーパーマーケットやフードサービスの需要と結びつくことで高付加価値農産物となる。そのためには，質，量，価格，納期において安定した供給を実現する必要がある。中国の事例ではアグリビジネスが合作社と結びつくことで，これを実現している。

長く稲作が行われてきたタイ中部では，農村において農作業受委託などの生産要素市場が発達しているため，大規模農家はもちろん，小規模農家もこれを利用して稲作を行っている。現在でも生産に関わる意思決定は重要であるが，経営の重点は外部からのスムーズな資源調達に移っている。

このように新しい農業経営は，⑤で指摘した生産以外の経営管理機能を強化することで，①から④で挙げた経営体の戦略や構造を実現している。

1-3. 新しい農業経営と農業部門の発展

　本書で取り上げた中所得国では，農業に関わる資源賦存の状況や1人当たり所得水準など，農業をめぐるさまざまな条件が異なっている。にもかかわらず，本書で取り上げた事例では，これらの国々で成長する農業経営体で共通の傾向がみられた。それだけでなくこれらの傾向は，序章で紹介した日米の農業経営体が取り得る戦略とも共通している。なぜこのような現象がみられるのだろうか。

　その理由として，序章で説明した農業をめぐる変化が，先進国か途上国かを問わず，広く世界中で起こっていることが挙げられる。例えば，今日アジアやラテンアメリカの都市部を訪れると，スーパーマーケットやショッピングセンターのフードコートが人々で賑わっている様子を目にすることができる。その様子は，先進国とそれほど変わらない。それと同様に，都市部や輸出市場向けに農産物を作っているアジアやラテンアメリカの農業経営体は，先進国の農業経営体と同じような需要を満たすことを求められている。そのために外から技術を導入して新しい作物を導入したり，加工や販売の業者と連携して，価値の高い作物を作ったりしている。もちろん，アジアやラテンアメリカの農村の隅々でこのような変化が起こっているわけではない。各国の都市部と農村部では生活の様相が大きく異なるように，同じ農業部門の中でも，自給や地域内への食料供給を目的とした伝統的な家族経営と，本書が取り上げた事例とでは，農業経営のあり方に違いがある。また，導入する技術の水準や農場の規模は，国や地域によって差がある。しかし，農業経営体が変化に対応するために行う，規模拡大，高付加価値化，外部資源の活用，中間組織の利用，生産以外の機能の重視などは，先進国でも途上国でも共通している。

　それでは，このような特徴を持った新しい農業経営は，中所得国の農業部門の発展にどのような影響をもたらすだろうか。

　上で抽出した経営の特徴から，伝統的な家族経営と比べて新しい農業経営をすすめる経営体は，農業生産に比較的容易に参入していることがわかる。

この参入が容易であるということが，農業部門の生産性向上，ひいては農業部門の相対所得の上昇へのカギを握っている。

　生産要素市場の形成が進むことで，自ら土地や経験を有していなくても，農業生産に参入することが可能になりつつある。これまでは農業生産への参入に際して，土地の確保が大きな参入障壁となっていた。しかし農地の流動化が進むことで，賃借や購入による調達が可能になっている。農業生産に関する知識も，勘と経験のような暗黙知で家族以外へは移転が難しいものから，知識とデータのような形式知で移転が容易なものへと変わっている。それにより，外部から投入財や技術を導入すれば，これまでその地域になかった農産物を生産することができる。つまり農業における付加価値の源泉が，農作物を作るところから，外から調達した資源の結合や，需要と結びつくことによる付加価値の向上へと移っている。この点において競争力をもつ農業経営体が成長することで，次世代の食料供給の担い手となりうるだろう。

　一方でこのような農業経営体は，伝統的な家族経営のように農業経営と世帯経済が一体化しておらず，強靱性は備えていない。そのため，天候不順による不作などはもちろん，それ以外でも問題が発生して経営が行き詰まれば，農業生産からの退出を迫られる。各国の事例として，農業生産に新規に参入したり，規模を拡大したり，新たな作物を導入したりする農業経営体を取り上げたが，それは裏返せば，撤退により土地を手放して農業生産から退出する経営体が増えていることを意味する。

　農業への参入と退出が比較的容易であれば，生産性の高い優れた経営体はより多くの外部資源を引きつけて農業生産を増やす一方で，そうではない経営体は農業生産から退出することになる。その結果，生産性の高い経営体のみが残る。環境の変化に対応して新しい農業経営を実践することこそが，生き残って成長するために必要となる。

　第1章で指摘した，農業相対所得の上昇傾向への移行は，このような新しい農業経営の存続と成長を反映するものであろう。保護ではなく障壁を取り除くことで，農業への参入と退出を促せば，効率的に食料を供給する産業と

しての農業の成長を促し，農業生産者の所得向上を可能にする。本書では中所得国における事例を取り上げたが，このことは，先進国や中所得以外の途上国でも同様である。

　本書の目的は，次世代の食料供給の担い手の姿を描くことであり，伝統的な家族経営や生活の場としての農業の役割を否定するものではない。生活の場や雇用の確保，そして環境保全をはじめとする多面的な機能の提供を目的とした農業のあり方については，別の視点からのアプローチが必要になる。

　また，取り上げた事例においては，外部から資源を導入しつつも，所有する資源を中心に活用する家族が経営を担う経営体が中心となっている。序章で示した表0-1でいえば，現代的自律的家族経営と人的信用に基づく家族同族企業経営にあたる。しかしこれ以外にも，事例は限られるが，広範囲の出資者からの資本を得る集団企業経営による農業経営体も，例えばブラジルなどでは目立つようになりつつある。このような所有と経営が分離した農業経営体の今後の成長や持続性については，分析の余地が残されている。

索引

【アルファベット】

GAP →農業生産工程管理
GM →遺伝子組み換え
GPS　7, 43
HACCP →危害分析重要管理点
NAFTA →北米自由貿易協定
WTO　5, 30, 94
　　→世界貿易機関も参照

【あ行】

青田買い　204, 213
アグリビジネス　38, 40, 53, 64, 79, 194,
　　202, 226
アジア　4, 19, 33, 36, 43, 223
アニマルウェルフェア　6
アルゼンチン　7, 28, 195, 207
暗黙知　10, 231
意思決定　42, 76, 80, 128, 229
遺伝子組み換え　7, 178, 199, 203, 207
移動労働者　173, 185
インテグレーション　15, 37, 52, 64, 82,
　　89, 225
エシカルトレード　6

【か行】

カーボンフットプリント　6
階層　85, 137, 142, 175
外部
　　――環境　94, 103, 104, 121
　　――資源　19, 132, 154, 227, 231
　　――性　82
家族経営　9, 12, 51, 209, 223, 227
　　――の優位性　9, 227
家庭農場　60, 66, 70
ガバナンス　81, 83
株式
　　――会社　157, 162, 177
　　――合作　59, 66, 70
監視　9, 39, 65, 149

勘と経験　8, 157, 188, 231
機械化　7, 37, 52, 61, 72, 101, 126, 132,
　　141, 149, 154
　　→総合機械化率も参照
危害分析重要管理点（HACCP）　6, 120,
　　184
企業的成長　102, 104
技術革新　4, 7, 14
規模
　　――（の）拡大　11, 52, 66, 81, 91, 107,
　　135, 147, 162, 194, 218, 225
　　――の経済　10, 37, 52, 140, 147, 189
強靱性　10, 231
共同
　　――経営（者）　74, 119, 180, 189
　　――購入・購買　73, 217
　　――販売　52, 66, 73
経営
　　――管理　14, 104, 109, 114, 117, 120,
　　180, 225, 228
　　――成長のプロセス　104, 107, 112,
　　116, 118
　　――戦略　12, 13, 103, 229
形式知　10, 231
契約
　　――農業　38, 40, 53, 64, 68
　　生産――　38, 40
　　販売――　11, 39, 113, 174
ゲノム編集　7
兼業
　　――化　11, 12, 19, 37, 64, 84, 150
　　――経営　12
　　――農家　143
高付加価値　11, 35, 40, 82, 89, 135, 167,
　　170, 188, 226
高齢化　53, 95, 143, 150
国際家族農業年　9
穀物メジャー　16, 193, 199, 202, 216

【さ行】

栽培技術　7, 109, 117, 226

財務管理　14, 120, 215, 221, 229
先物販売　216
作業
　——委託　35, 52, 63, 73, 115, 139, 143
　——受委託市場　15, 131, 140, 149
　→農作業も参照
サプライチェーン　16, 53, 193, 199, 202, 206, 221
三農問題　51
施設園芸　101, 171, 173
収益性　53, 72, 81, 83, 102, 113, 149
集団所有　56, 59, 67
種苗　3, 11, 80, 171
　——メーカー　171, 189
小規模
　——経営　9, 37, 60, 138, 146, 149, 153
　——農業　31, 33, 41
情報
　——管理　14
　——通信技術　7, 229
　——の非対称性　38, 149
食料危機　5, 7
人民公社　51
スーパーマーケット　6, 52, 97, 229
スポット
　——価格　219
　——市場　38, 39, 220
　——販売　216
スマート農業　7
青果　5, 100, 118, 226
　→蔬菜・果実類も参照
生産
　——請負制　51, 56, 67, 91
　——管理　14, 80, 228
　——要素市場　6, 19, 137, 140, 148, 154, 229, 231
精密農業　7, 217, 227
世界貿易機関　5, 28, 195
　→WTOも参照
セラード　16, 200, 202, 220
総合機械化率　62, 72
　→機械化も参照
蔬菜・果実類　157, 164, 174, 179, 188
　→青果も参照

【た行】

タイ　14, 23, 44, 131, 225, 229
大規模経営　9, 11, 31, 37, 60, 67, 71, 84, 90, 98, 105, 121, 128, 137, 149, 227
大豆　7, 193, 194
　——輸入　5, 26, 193
探索　38, 39, 65, 117, 124
団地化　72, 75
地域貿易協定　28
知識
　——と技術　157, 188
　——とデータ　8, 231
地代　53, 73, 75, 83, 220
チャンチャイ　15, 89, 91, 94, 102, 126, 227
中間組織　41, 65, 225, 227
中国　5, 14, 15, 22, 51, 116, 141, 193, 195, 225
中所得国　3, 8, 19, 25, 31, 43, 94, 131, 135, 154, 223
　——の罠　94
中南米　28, 44
　→ラテンアメリカも参照
トウモロコシ　5, 7, 54, 62, 71, 82, 161, 177, 193, 196, 207
土地
　——収奪　7, 43
　——集約的　37, 43
トレーサビリティ　6, 184

【な行】

内部
　——化　37
　——環境　103, 125
　——留保　79
日本　5, 11, 13, 51, 101, 109, 148, 197, 201
二毛作　54, 71, 82, 197, 207
農業
　——経営体　4, 8, 10, 13, 31, 66, 90, 100, 103, 131, 223, 227, 230
　——産業化　15, 51, 64, 68

——生産工程管理（GAP）　6, 98
　　——生産法人　157
　　——調整問題　21, 46
　　——の相対所得　22, 24, 224
　　——保護政策　21, 30, 35, 47
農作業
　　——委託　37, 61, 69, 75
　　——請負　61, 113
　　——受委託　63, 229
　　——受託　11, 226,
　　→作業受委託市場も参照
農産物
　　——市場　5, 19, 38, 194, 208, 221
　　——証券（CPR）　204
農地
　　——市場　7, 35, 42, 91, 149, 225
　　——使用権　53, 56, 59, 67, 78
　　——賃貸借　56, 84
　　——の流動化　42, 57, 67, 162
農民工　55
農民専業合作社　15, 51, 53, 68, 73

【は行】

バーター契約　203, 206, 213
バイオエネルギー　3
バイオテクノロジー　7
バイオ燃料　5
バイオメジャー　193, 199, 203
速水理論　20, 46
販売管理　14, 229
非農業化　95
フェアトレード　6
不耕起栽培　203, 207
ブラジル　7, 14, 16, 23, 28, 45, 193, 225
ベトナム　5, 14, 15, 45, 89, 141, 150, 226
北米自由貿易協定（NAFTA）　16, 28, 157, 164, 177, 188

補助金　21, 30, 55, 61, 65, 72, 160, 170

【ま行】

3つの農業問題　20, 224
ムー　51
メキシコ　5, 14, 15, 23, 28, 157, 197, 226
メンバーシップ　76, 82
籾米担保融資制度　135

【や行】

有限責任農村生産会社　180
融資
　　公的——　213, 215
　　民間（の）——　208, 213, 215

【ら行】

ラテンアメリカ　4, 14, 223
　　→中南米も参照
利益分配　66, 74, 78, 81
リスク
　　——（を）回避　108, 186
　　——（の）負担　65, 74, 81, 85
　　——分担　65, 82
龍頭企業　53, 64, 68, 72
緑色食品　79, 82
ルイスの転換点（ルイス・モデル）　36
労働力（の）調達　173, 175, 189
　　→移動労働者も参照
労務管理　14, 110, 229

【わ行】

早生　207

## 複製許可およびPDF版の提供について

　点訳データ，音読データ，拡大写本データなど，視覚障害者のための利用に限り，非営利目的を条件として，本書の内容を複製することを認めます（http://www.ide.go.jp/Japanese/Publish/reproduction.html）。転載許可担当宛に書面でお申し込みください。

　また，視覚障害，肢体不自由などを理由として必要とされる方に，本書のPDFファイルを提供します。下記のPDF版申込書（コピー不可）を切りとり，必要事項をご記入のうえ，販売担当宛ご郵送ください。
折り返しPDFファイルを電子メールに添付してお送りします。

〒261-8545　千葉県千葉市美浜区若葉3丁目2番2
　　日本貿易振興機構 アジア経済研究所
　　研究支援部出版企画編集課　各担当宛

　ご連絡頂いた個人情報は，アジア経済研究所出版企画編集課（個人情報保護管理者－出版企画編集課長 043-299-9534）が厳重に管理し，本用途以外には使用いたしません。また，ご本人の承諾なく第三者に開示することはありません。

アジア経済研究所研究支援部 出版企画編集課長

---

PDF版の提供を申し込みます。他の用途には利用しません。

清水達也編『途上国における農業経営の変革』
【研究双書 No. 640】2019 年

住所 〒

氏名：　　　　　　　　　　　年齢：
職業：
電話番号：
電子メールアドレス：

執筆者紹介（執筆順）

### 清水達也（編者，序章，第6章，終章）
しみずたつや

1968年生まれ。千葉大学大学院園芸学研究科博士後期課程修了。博士（農学）。アジア経済研究所地域研究センターラテンアメリカ研究グループ長。ラテンアメリカの農業開発を主に研究。主な著作に『ラテンアメリカの農業・食料部門の発展』（アジア経済研究所，2017年）など。

### 寳劔久俊（第1章）
ほうけんひさとし

1972年生まれ。一橋大学大学院経済学研究科博士後期課程修了。博士（経済学）。関西学院大学国際学部教授。中国の農業・農村問題を主に研究。主要な著作は『産業化する中国農業——食料問題からアグリビジネスへ』（名古屋大学出版会，2017年），"Measuring the Effect of Agricultural Cooperatives on Household Income," *Agribusiness* 34(4), pp. 831-846, 2018（共著）。

### 山田七絵（第2章）
やまだななえ

1978年生まれ。東京大学大学院農学生命科学研究科博士課程修了。博士（農学）。アジア経済研究所新領域研究センター研究員。研究分野は中国の農業経済，農村資源管理。最近の著作に「都市・農村発展の一体化に向けた農村改革の到達点と課題」岡本信広編『中国の都市化と制度改革』（アジア経済研究所，2018年）など。

### 辻一成（第3章，共著）

1965年生まれ。九州大学大学院農学研究科農政経済学専攻博士後期課程中退。博士（農学）。佐賀大学農学部生物環境科学科准教授。専門は，経営・経済農学，社会・開発農学。主な著作に「天然ゴム生産経営と雇用労働――ビンズオン省の事例調査にもとづく分析」坂田正三編『高度経済成長下のベトナム農業・農村の発展』（アジア経済研究所，2013年）など。

### 荒神衣美（第3章，共著）

1977年生まれ。サセックス大学文化開発環境センター修士課程（農村開発），神戸大学大学院国際協力研究科博士前期課程（経済学）を修了。現在，アジア経済研究所地域研究センター研究員。専門はベトナム地域研究，農業農村研究。主な著作に『多層化するベトナム社会』（編著，アジア経済研究所，2018年）など。

### 塚田和也（第4章）

1973年生まれ。東京大学大学院農学生命科学研究科博士後期課程修了。修士（農学）。アジア経済研究所開発研究センター研究員。開発経済学の視点から農村の市場や制度を研究。近年の著作は「灌漑投資の意思決定と費用負担――新潟県上郷水害予防組合を事例に」（『アジア経済』第58巻第2号，2017年6月，齋藤邦明と共著）など。

## 谷洋之(第5章)
<small>たにひろゆき</small>

1965年生まれ。上智大学大学院外国語学研究科国際関係論専攻博士後期課程満期退学。国際学修士。上智大学外国語学部イスパニア語学科教授。メキシコ地域研究専攻。おもな著作に『トランスナショナル・ネットワークの生成と変容——生産・流通・消費』(共編,上智大学出版,2008年)など。

| | | |
|---|---|---|
| 途上国における農業経営の変革 | | 研究双書No.640 |
| 2019年3月22日発行 | | 定価［本体3700円＋税］ |

編　者　　清水達也

発行所　　アジア経済研究所
　　　　　独立行政法人日本貿易振興機構

〒261-8545　千葉県千葉市美浜区若葉3丁目2番2

研究支援部　　電話　043-299-9735
　　　　　　　FAX　043-299-9736
　　　　　　　E-mail syuppan@ide.go.jp
　　　　　　　http://www.ide.go.jp

印刷所　　丸井工文社

Ⓒ独立行政法人日本貿易振興機構アジア経済研究所　2019

落丁・乱丁本はお取り替えいたします　　　無断転載を禁ず

ISBN978-4-258-04640-9

# 「研究双書」シリーズ

(表示価格は本体価格です)

|  |  |  |
|---|---|---|
| 639 | **中台関係のダイナミズムと台湾**<br>馬英九政権期の展開<br>川上桃子・松本はる香編　2019年　228p.　3,600円 | 中国との葛藤に満ちた関係は、台湾の政治と経済にどのようなインパクトをもたらしているのか？ 馬英九政権期（2008～16年）の分析を通じて、中台関係の展開と台湾の構造変動を探る。 |
| 638 | **資源環境政策の形成過程**<br>初期の制度と組織を中心に<br>寺尾忠能編　2019年　176p.　2,900円 | 資源環境政策は「後発の公共政策」であり、その形成過程は既存の経済開発政策の影響を受け、強い経路依存性を持つ。発展段階が異なる諸地域で資源環境政策の形成過程をとりあげてその「初期」に着目し、そこで直面した困難と内在した問題点を分析する。 |
| 637 | **メキシコの21世紀**<br>星野妙子編　2019年　255p.　4,000円 | 激動のとば口にあるメキシコ。長年にわたる改革にもかかわらず、なぜ豊かで安定した国になれないのか。その理由を、背反する政治と経済と社会の論理のせめぎ合いの構図に探る。 |
| 636 | **途上国の障害女性・障害児の貧困削減**<br>数的データによる確認と実証分析<br>森壮也編　2018年　199p.　3,200円 | 途上国の脆弱層のなかでも、国際的にも関心の高い障害女性と障害児について、フィリピン、インド、インドネシアの三カ国を取り上げ、公開データや独自の数的データを用いて、彼らの貧困について実証的に分析する。 |
| 635 | **中国の都市化と制度改革**<br>岡本信広編　2018年　241p.　3,700円 | 2000年代から急速に進む中国の都市化。中国政府は自由化によって人の流れを都市に向かわせる一方で、都市の混乱を防ぐために都市を制御しようとしている。本書は中国の都市化と政府の役割を考察する。 |
| 634 | **ポスト・マハティール時代のマレーシア**<br>政治と経済はどう変わったか<br>中村正志・熊谷聡共編　2018年　399p.　6,400円 | マハティール時代に開発独裁といわれたマレーシアはどう変わった。政治面では野党が台頭し経済面では安定成長が続く。では民主化は進んだのか。中所得国の罠を脱したのか。新時代の政治と経済を総合的に考察する。 |
| 633 | **多層化するベトナム社会**<br>荒神衣美編　2018年　231p.　3,600円 | 2000年代に高成長を遂げたベトナム。その社会は各人の能力・努力に応じて上昇移動を果たせるような開放的なものとなっているのか。社会階層の上層／下層に位置づけられる職業層の形成過程と特徴から考察する。 |
| 632 | **アジア国際産業連関表の作成**<br>基礎と延長<br>桑森啓・玉村千治編　2017年　204p.　3,200円 | アジア国際産業連関表の作成に関する諸課題について検討した研究書。部門分類、延長推計、特別調査の方法などについて検討し、表の特徴を明らかにするとともに、作成方法のひとつの応用として、2010年アジア国際産業連関表の簡易延長推計を試みる。 |
| 631 | **現代アフリカの土地と権力**<br>武内進一編　2017年　315p.　4,900円 | ミクロ、マクロの政治権力が交錯するアフリカの土地は、今日劇的に変化している。その要因は何か。近年の土地制度改革を軸に、急速な農村変容のメカニズムを明らかにする。 |
| 630 | **アラブ君主制国家の存立基盤**<br>石黒大岳編　2017年　172p.　2,700円 | 「アラブの春」後も体制の安定性を維持しているアラブ君主制諸国。君主が主張する統治の正統性と、それに対する国民の受容態度に焦点を当て、体制維持のメカニズムを探る。 |
| 629 | **アジア諸国の女性障害者と複合差別**<br>人権確立の観点から<br>小林昌之編　2017年　246p.　3,100円 | 国連障害者権利条約は、独立した条文で、女性障害者の複合差別の問題を特記した。アジア諸国が、この問題をどのように認識し、対応する法制度や仕組みを構築したのか、その現状と課題を考察する。 |
| 628 | **ベトナムの「専業村」**<br>坂田正三著　2017年　179p.　2,200円 | ベトナムでは1986年に始まる経済自由化により、「専業村」と呼ばれる農村の製造業家内企業の集積が形成された。ベトナム農村の工業化を担う専業村の発展の軌跡をミクロ・マクロ両面から追う。 |
| 627 | **ラテンアメリカの農業・食料部門の発展**<br>バリューチェーンの統合<br>清水達也著　2017年　200p.　2,500円 | 途上国農業の発展にはバリューチェーンの統合がカギを握る。ペルーを中心としたラテンアメリカの輸出向け青果物やブロイラーを事例として、生産性向上と付加価値増大のメカニズムを示す。 |